住房和城乡建设部"十四五"规划教材

高等学校土木工程学科专业指导委员会规划教材

（按高等学校土木工程本科指导性专业规范编写）

土木工程施工组织

（第二版）

赵　平　主编

赵挺生　主审

中国建筑工业出版社

图书在版编目（CIP）数据

土木工程施工组织 / 赵平主编. — 2版. — 北京：
中国建筑工业出版社，2022.7（2024.6重印）
住房和城乡建设部"十四五"规划教材　高等学校土
木工程学科专业指导委员会规划教材：按高等学校土木
工程本科指导性专业规范编写
ISBN 978-7-112-27302-7

Ⅰ. ①土… Ⅱ. ①赵… Ⅲ. ①土木工程-施工组织-
高等学校-教材　Ⅳ. ①TU721

中国版本图书馆 CIP 数据核字（2022）第 063256 号

本书系统地论述了土木工程施工组织的基本知识、基本理论和决策方法。
其主要内容包括施工组织设计的基本原理、单位工程施工组织设计和施工组织
总设计的编制方法。

本书通过二维码提供配套数字资源，主要内容为思考题、习题的参考
答案。

本书可作为高等学校土木工程专业教材，也可供建筑工程技术人员自学和
参考。

为了更好地支持相应课程的教学，我们向采用本书作为教材的教师提供课
件，有需要者可与出版社联系。建工书院：http://edu.cabplink.com，邮箱：
jckj@cabp.com.cn，2917266507@qq.com，电话：（010）58337285。

责任编辑：聂　伟　吉万旺　王　跃
责任校对：姜小莲

住房和城乡建设部"十四五"规划教材
高等学校土木工程学科专业指导委员会规划教材
（按高等学校土木工程本科指导性专业规范编写）
土木工程施工组织
（第二版）
赵　平　主编
赵挺生　主审

＊

中国建筑工业出版社出版、发行（北京海淀三里河路9号）
各地新华书店、建筑书店经销
北京鸿文瀚海文化传媒有限公司制版
天津安泰印刷有限公司印刷

＊

开本：787毫米×1092毫米　1/16　印张：11½　字数：270千字
2022年8月第二版　　2024年6月第四次印刷
定价：38.00元（附配套数字资源及赠教师课件）
ISBN 978-7-112-27302-7
（39483）

版权所有　翻印必究
如有印装质量问题，可寄本社图书出版中心退换
（邮政编码　100037）

出　版　说　明

党和国家高度重视教材建设。2016 年，中办国办印发了《关于加强和改进新形势下大中小学教材建设的意见》，提出要健全国家教材制度。2019 年 12 月，教育部牵头制定了《普通高等学校教材管理办法》和《职业院校教材管理办法》，旨在全面加强党的领导，切实提高教材建设的科学化水平，打造精品教材。住房和城乡建设部历来重视土建类学科专业教材建设，从"九五"开始组织部级规划教材立项工作，经过近 30 年的不断建设，规划教材提升了住房和城乡建设行业教材质量和认可度，出版了一系列精品教材，有效促进了行业部门引导专业教育，推动了行业高质量发展。

为进一步加强高等教育、职业教育住房和城乡建设领域学科专业教材建设工作，提高住房和城乡建设行业人才培养质量，2020 年 12 月，住房和城乡建设部办公厅印发《关于申报高等教育职业教育住房和城乡建设领域学科专业"十四五"规划教材的通知》（建办人函〔2020〕656 号），开展了住房和城乡建设部"十四五"规划教材选题的申报工作。经过专家评审和部人事司审核，512 项选题列入住房和城乡建设领域学科专业"十四五"规划教材（简称规划教材）。2021 年 9 月，住房和城乡建设部印发了《高等教育职业教育住房和城乡建设领域学科专业"十四五"规划教材选题的通知》（建人函〔2021〕36 号）。为做好"十四五"规划教材的编写、审核、出版等工作，《通知》要求：（1）规划教材的编著者应依据《住房和城乡建设领域学科专业"十四五"规划教材申请书》（简称《申请书》）中的立项目标、申报依据、工作安排及进度，按时编写出高质量的教材；（2）规划教材编著者所在单位应履行《申请书》中的学校保证计划实施的主要条件，支持编著者按计划完成书稿编写工作；（3）高等学校土建类专业课程教材与教学资源专家委员会、全国住房和城乡建设职业教育教学指导委员会、住房和城乡建设部中等职业教育专业指导委员会应做好规划教材的指导、协调和审稿等工作，保证编写质量；（4）规划教材出版单位应积极配合，做好编辑、出版、发行等工作；（5）规划教材封面和书脊应标注"住房和城乡建设部'十四五'规划教材"字样和统一标识；（6）规划教材应在"十四五"期间完成出版，逾期不能完成的，不再作为《住房和城乡建设领域学科专业"十四五"规划教材》。

住房和城乡建设领域学科专业"十四五"规划教材的特点，一是重点以修订教育部、住房和城乡建设部"十二五""十三五"规划教材为主；二是严格按照专业标准规范要求编写，体现新发展理念；三是系列教材具有明显特点，满足不同层次和类型的学校专业教学要求；四是配备了数字资源，适应现代化教学的要求。规划教材的出版凝聚了作者、主审及编辑的心血，得到了有关院校、出版单位的大力支持，教材建设管理过程有严格保障。希望广大院校及各专业师生在选用、使用过程中，对规划教材的编写、出版质量进行反馈，以促进规划教材建设质量不断提高。

住房和城乡建设部"十四五"规划教材办公室

2021 年 11 月

序

  近年来,我国高等学校土木工程专业教学模式不断创新,学生就业岗位发生明显变化,多样化人才需求愈加明显。为发挥高等学校土木工程学科专业指导委员会"研究、指导、咨询、服务"的作用,高等学校土木工程学科专业指导委员会制定并颁布了《高等学校土木工程本科指导性专业规范》(以下简称《专业规范》)。为更好地宣传贯彻《专业规范》精神,规范各学校土木工程专业办学条件,提高我国高校土木工程专业人才培养质量,高等学校土木工程学科专业指导委员会和中国建筑工业出版社组织参与《专业规范》研制的专家及相关教师编写了本系列教材。本系列教材均为专业基础课教材,共 20 本。此外,我们还依据《专业规范》策划出版了建筑工程、道路与桥梁工程、地下工程、铁道工程四个专业方向的专业课系列教材。

  经过多年的教学实践,本系列教材获得了国内众多高校土木工程专业师生的肯定,同时也收到了不少好的意见和建议。2021 年,本系列教材整体入选《住房和城乡建设部"十四五"规划教材》,为打造精品,也为了更好地与四个专业方向专业课教材衔接,使教材适应当前教育教学改革的需求,我们决定对本系列教材进行修订。本次修订,将继续坚持本系列规划教材的定位和编写原则,即:规划教材的内容满足建筑工程、道路与桥梁工程、地下工程和铁道工程四个主要方向的需要;满足应用型人才培养要求,注重工程背景和工程案例的引入;编写方式具有时代特征,以学生为主体,注意新时期大学生的思维习惯、学习方式和特点;注意系列教材之间尽量不出现不必要的重复;注重教学课件和数字资源与纸质教材的配套,满足学生不同学习习惯的需求等。为保证教材质量,系列教材编审委员会继续邀请本领域知名教授对每本教材进行审稿,对教材是否符合《专业规范》思想,定位是否准确,是否采用新规范、新技术、新材料,以及内容安排、文字叙述等是否合理进行全方位审读。

  本系列规划教材是实施《专业规范》要求、推动教学内容和课程体系改革的最好实践,具有很好的社会效益和影响。在本系列规划教材的编写过程中得到了住房和城乡建设部人事司及主编所在学校和学院的大力支持,在此一并表示感谢。希望使用本系列规划教材的广大读者继续提出宝贵意见和建议,以便我们在本系列规划教材的修订和再版中得以改进和完善,不断提高教材质量。

高等学校土木工程学科专业指导委员会

中国建筑工业出版社

2021 年 12 月

第二版前言

《土木工程施工组织》（第二版）是按照土木工程专业的培养目标、培养计划及本课程教学基本要求，结合编者多年来从事土木工程施工管理方面教学和实践的经验，根据《建设工程项目管理规范》GB/T 50326—2017 及《工程网络计划技术规程》JGJ/T 121—2015 等最新国家标准、规范编写的，体现了我国土木工程施工组织管理的最新动态。本书的特点是注重能力的培养，突出实际应用，书中所选择案例，都来源于工程实际，力求系统、完整、理论联系实际。

"土木工程施工组织"是土木工程专业的一门核心课程，该课程旨在培养学生从事土木工程的施工组织与管理能力。

"土木工程施工组织"课程教学目的是使学生掌握土木工程施工组织的基本知识、基本理论和决策方法。理解施工组织设计的基本原理，掌握横道图和网络计划技术，具有单位工程施工组织设计和施工组织总设计的编制能力。根据《高等学校土木工程本科指导性专业规范》的要求，使学生具有解决土木工程施工组织计划问题的初步能力。

本书配有数字资源，主要为思考题、习题的参考答案，读者可用微信扫描书中二维码免费获取。

本书由西安建筑科技大学赵平主编并编写第 1、3 章和附录 B，青岛理工大学许婷华、西安建筑科技大学赵平编写第 2 章，西安建筑科技大学赵楠编写第 4 章和附录 A，北方民族大学胡云香编写第 5 章。全书由赵平统稿。

由于编者水平有限，书中不足之处在所难免，敬请广大读者、专家和同行批评指正。

本书编写过程中参考了大量同行出版的文献和资料，在此表示衷心的感谢！

第一版前言

本课程是土木工程专业的一门核心课程，其研究对象是土木工程，该课程旨在培养学生从事土木工程的施工组织与管理能力。

本课程教学目的是使学生掌握土木工程施工组织的基本知识、基本理论和决策方法。掌握施工组织设计的基本原理，单位工程施工组织设计和施工组织总设计的编制方法，了解网络计划技术。根据土木工程专业规范的要求，使学生具有解决土木工程施工组织计划问题的初步能力。

本书根据《高等学校土木工程本科指导性专业规范》的培养目标进行编写，力求系统、完整、理论联系实际。

本书由西安建筑科技大学赵平主编并编写第3章和附录B，青岛理工大学许婷华任副主编并编写第2章，西安建筑科技大学赵楠编写第1、4章和附录A，西安石油大学崔莹编写第5章。全书由赵平、许婷华统稿。华中科技大学赵挺生教授对全书进行了审稿。

由于编者水平有限，书中不足之处在所难免。敬请广大读者、专家和同行批评指正。

本书编写过程中参考了大量同行出版的文献和资料，在此表示衷心的感谢！

目　录

第1章　施工组织概论 ················ 1

本章知识点 ······················· 1

1.1　土木工程产品及其生产特点 ······ 1

1.1.1　土木工程产品的特点 ······ 1

1.1.2　土木工程产品生产的特点 ······ 2

1.2　施工组织的基本原则 ··········· 3

1.3　施工准备工作 ················ 5

1.3.1　建设前期的施工准备 ······ 5

1.3.2　单位工程开工前的施工准备 ··· 6

1.3.3　施工期间的经常性准备工作 ··· 8

1.3.4　冬、雨期施工准备工作 ······ 9

1.4　施工组织设计 ················ 9

1.4.1　施工组织设计的概念 ······ 9

1.4.2　施工组织设计的作用 ······ 10

1.4.3　施工组织设计的基本内容
及其分类 ··················· 10

小结及学习指导 ·················· 12

思考题 ·························· 12

第2章　流水施工原理 ··············· 13

本章知识点 ······················ 13

2.1　流水施工的基本概念及主
要参数 ····················· 13

2.1.1　流水施工的概念 ·········· 13

2.1.2　流水施工的主要参数 ······ 16

2.1.3　流水施工的表达方式 ······ 22

2.2　流水施工的组织形式 ··········· 23

2.2.1　流水施工的分类 ·········· 23

2.2.2　等节奏流水 ·············· 24

2.2.3　异节奏流水 ·············· 30

2.2.4　无节奏流水 ·············· 36

小结及学习指导 ·················· 39

思考题 ·························· 39

习题 ···························· 39

第3章　网络计划技术 ··············· 41

本章知识点 ······················ 41

3.1　网络图的基本概念 ············ 41

3.1.1　网络图的概念及其分类 ····· 41

3.1.2　网络图的特点 ············ 41

3.2　双代号网络图 ················ 42

3.2.1　双代号网络图的组成 ······ 42

3.2.2　双代号网络图的绘制 ······ 43

3.2.3　双代号网络图的计算 ······ 51

3.3　单代号网络图 ················ 59

3.3.1　单代号网络图的组成 ······ 59

3.3.2　单代号网络图的绘制 ······ 60

3.3.3　单代号网络图的计算 ······ 61

3.4　搭接网络计划 ················ 64

3.4.1　工作的基本搭接关系 ······ 65

3.4.2　单代号搭接网络图的绘制 ··· 66

3.4.3　单代号搭接网络图的计算 ··· 68

3.5　网络计划的优化 ·············· 72

3.5.1　资源优化 ················ 72

3.5.2　工期-成本优化 ············ 75

3.6　网络计划的实施 ·············· 78

3.6.1　实施网络图的绘制 ········ 78

3.6.2　网络计划的执行 ·········· 80

3.6.3　网络计划的调整 ·········· 81

小结及学习指导 ·················· 82

思考题 ·························· 82

习题 ···························· 82

第4章　单位工程施工组织设计 ········ 85

本章知识点 ······················ 85

4.1　单位工程施工组织设计概述 ······ 85

4.1.1　单位工程施工组织设计的编
制依据 ··················· 85

4.1.2　单位工程施工组织设计的编

制内容 ·············· 86

 4.1.3 单位工程施工组织设计的编
   制程序 ············ 86

4.2 施工方案设计 ············ 87

 4.2.1 确定施工程序 ········ 87

 4.2.2 确定施工流向 ········ 88

 4.2.3 确定施工顺序 ········ 89

 4.2.4 确定施工方法 ········ 94

 4.2.5 选择施工机械 ········ 96

4.3 施工进度计划和资源需要
  量计划 ············ 96

 4.3.1 单位工程施工进度计划的
   作用 ············ 96

 4.3.2 施工进度计划的编制依据 ······ 97

 4.3.3 施工进度计划的组成及
   表示方法 ········ 97

 4.3.4 单位工程施工进度计划的编
   制步骤 ············ 97

 4.3.5 单位工程资源需要量计划 ··· 102

4.4 施工平面图设计 ······ 104

 4.4.1 单位工程施工平面图的
   内容 ············ 104

 4.4.2 单位工程施工平面图设计的
   依据 ············ 104

 4.4.3 单位工程施工平面图的设计
   原则 ············ 105

 4.4.4 单位工程施工平面图的设计
   步骤 ············ 106

4.5 施工技术组织措施 ···· 111

 4.5.1 保证工程质量措施 ···· 111

 4.5.2 安全施工措施 ········ 111

 4.5.3 降低成本措施 ········ 111

 4.5.4 工期保证措施 ········ 112

 4.5.5 现场文明施工措施 ···· 112

 4.5.6 环境保护措施 ········ 112

4.6 施工组织设计的技术经
  济分析 ············ 113

 4.6.1 技术经济分析的目的 ···· 113

 4.6.2 技术经济分析的基础要求 ····· 113

 4.6.3 技术经济指标体系 ········ 113

 4.6.4 单位工程施工组织设计技术
   经济分析的重点 ········ 114

小结及学习指导 ········ 114

思考题 ·············· 115

第5章 施工组织总设计 ········ 116

本章知识点 ············ 116

5.1 基本概念 ············ 116

 5.1.1 施工组织总设计的对象与
   目的 ············ 116

 5.1.2 施工组织总设计的内容 ···· 117

5.2 工程概况 ············ 118

 5.2.1 建设项目的特征 ········ 118

 5.2.2 建设地区的特征 ········ 119

 5.2.3 施工条件 ············ 119

5.3 施工部署 ············ 119

5.4 施工总进度计划 ········ 122

 5.4.1 施工总进度计划的编制
   原则 ············ 122

 5.4.2 施工总进度计划的编制
   依据 ············ 122

 5.4.3 施工总进度计划的内容 ···· 122

 5.4.4 施工总进度计划的编制
   步骤 ············ 123

5.5 资源需要量计划 ········ 126

 5.5.1 综合劳动力和主要工种劳动
   力计划 ············ 126

 5.5.2 构件、半成品及主要建筑材
   料需要量计划 ········ 126

 5.5.3 施工机具需要量计划 ···· 127

5.6 全场性临设工程 ········ 127

 5.6.1 临时加工场设施 ········ 127

 5.6.2 仓库与堆场 ·········· 128

 5.6.3 工地运输组织 ········ 128

 5.6.4 办公及福利设施组织 ···· 129

 5.6.5 工地供水组织 ········ 130

 5.6.6 工地供电组织 ········ 131

5.7 施工总平面图 ········ 132

 5.7.1 施工总平面图的作用 ···· 132

5.7.2 施工总平面图的设计原则 …… 133

5.7.3 施工总平面图的设计依据 …… 133

5.7.4 施工总平面图设计的内容 …… 134

5.7.5 施工总平面图设计的步骤 …… 134

5.8 技术经济指标 …… 137

5.8.1 施工工期 …… 137

5.8.2 劳动生产率 …… 138

5.8.3 临时工程 …… 138

5.8.4 降低成本 …… 138

5.8.5 机械指标 …… 138

5.8.6 预制化施工水平 …… 139

5.8.7 流水施工不均衡系数 …… 139

5.8.8 节约成效 …… 139

小结及学习指导 …… 139

思考题 …… 140

附录 A 某大学学生公寓工程
施工组织设计 …… 141

附录 B 某单层工业厂房施工
组织设计 …… 159

参考文献 …… 172

第1章
施 工 组 织 概 论

本章知识点

> **【知识点】**
> 土木工程产品及其生产特点，基本建设及基本建设程序，施工准备工作，施工组织设计的基本原则与分类。
>
> **【重点】**
> 掌握基本建设及基本建设程序的基本概念，熟悉施工技术准备、物资准备、劳动组织准备和施工现场准备的工作内容，熟悉施工组织设计的作用、编制依据。
>
> **【难点】**
> 基本建设及基本建设程序的含义，施工技术准备、物资准备、劳动组织准备和施工现场准备的工作内容，施工组织设计的作用、编制依据。

随着社会经济发展和建筑技术进步，现代土木工程施工已成为一项十分复杂的生产活动。一项大型工程，不仅要投入众多的人力、机械设备、材料和构配件，还要安排好施工现场的临时供水、供电、供热及各种临时建筑物等。土木工程施工组织正是探索施工活动的客观规律、研究施工生产的方案、途径和办法的一门科学。

1.1 土木工程产品及其生产特点

土木工程建设与常见的工业品生产一样，是一个系统的资源投入产出循环过程，其在生产的阶段性和连续性、组织的专门化和协作化等方面是一致的；但土木工程产品具有形体庞大、复杂多样、整体不可分、无法移动等固有特点，由此决定了其生产即土木工程施工建设具有显著的流动性、单件性、生产周期长、易受气候影响及外界干扰等特点。

1.1.1 土木工程产品的特点

土木工程产品的使用功能、平面与空间组合、结构与构造形式等特殊性，以及土木工程产品所使用材料的物理力学性能的特殊性，决定了其具有如下特点：

1

1. 土木工程产品在空间上的固定性

一般的土木工程产品均由自然地面以下的基础和自然地面以上的主体结构两部分组成。基础承受主体上部结构传来的全部荷载（包括基础的自重），并转化为基底反力传递给地基，同时我们通过基础将主体结构固结于地球之上。任何土木工程产品都是在选定的地点上建造，与选定地点的土地不可分割，同时只能在建造的地方供长期使用。所以，土木工程产品的施工建造和使用地点在空间上是固定的。

2. 土木工程产品的多样性

由于土木工程产品使用目的、技术等级、技术标准、自然条件以及使用功能不同，此外还要体现不同地区的民族风格、物质文明和精神文明，其在规模、结构、构造、形式等诸方面千差万别、复杂多变。

3. 土木工程产品形体庞大

为了满足使用功能的要求，并结合材料的物理力学性能，土木工程产品需要消耗大量的物质资源，占据广阔的土地与空间，因而其具有形体的庞大性。

1.1.2 土木工程产品生产的特点

土木工程产品的生产，即土木工程产品施工建设，其特点是由土木工程产品本身的特点所决定的，具体如下：

1. 施工生产流动性强

土木工程产品地点的固定性决定了土木工程产品施工的流动性。由于土木工程产品形体庞大，务必在指定的场地上兴建，施工所需的人员、建筑材料和生产设备将在土木工程产品上进行周而复始的流动循环作业，而当一个工程项目竣工以后，施工队伍将携带各类建筑材料和施工生产设备器具转场到新的建设地点，投入到新一轮土木工程产品的施工建设中去，在新的条件下重新布置工作现场，重新组织施工生产作业，从而使土木工程产品的施工具有显著的流动性。

2. 施工过程单件性

土木工程类型多、施工环节多、工序复杂，每项工程又具有不同的功能和施工条件，不仅要针对实际情况进行个别化的设计，而且需要进行区别化的组织施工。即使选用标准设计、通用构件或配件，由于土木工程产品所在地区的自然、技术、经济条件的不同，也应根据土木工程产品的结构和构造、土木工程材料、施工组织和施工方法等因地制宜加以不断更新与改进，从而使土木工程产品的施工具有单件性。

3. 施工生产周期长

土木工程产品的固定性和形体的庞大性决定了土木工程产品施工生产周期长。土木工程产品形体庞大，使得最终土木工程产品的建成必然消耗大量的人力、物力和财力；同时，土木工程产品的施工全过程还要受到工艺流程和施工程序等客观规律的制约，使各专业、各工种之间必须按照合理的施工顺序进行配合和衔接；又由于土木工程产品的固定性，使施工活动的空间具有一定的局限性，从而导致土木工程产品的施工生产具有周期长、占用资源多的特点。

4. 施工活动受外界干扰及自然因素影响大

土木工程产品的固定性和形体庞大的特点，决定了土木工程产品施工露天作业多，受自然条件的影响较大，如气候冷暖、地势地貌、风霜雨雪等均对施工活动产生明显影响，对极端自然条件下的施工生产还需要专门编制施工方案，制定预防措施，减小极端自然条件对施工生产及建筑产品的不良影响。设计变更、地质情况、物资供应条件、环境因素等对工程进度、工程质量、工程成本等都有很大的影响。

5. 施工过程协作性要求高

由上述土木工程产品施工的特点可以看出，土木工程产品施工涉及面广。每项工程都涉及建设、设计、施工等单位的密切配合，需要材料、动力、运输等各个部门的通力协作。综上所述，施工过程中的综合平衡和调度、严密的计划和科学的管理显得尤为重要。

1.2 施工组织的基本原则

根据我国工程施工组织与管理实践中积累的大量经验，为了充分发挥施工组织设计的作用，在编制施工组织设计和施工组织工作中，应当遵循以下 8 条基本原则：

1. 贯彻执行《中华人民共和国建筑法》（以下简称《建筑法》），遵循建设程序，统筹兼顾，保证重点

《建筑法》是规范土木工程建设活动的基本大法，主旨是加强对建筑活动的监督管理，维护建筑市场秩序，保证建筑工程的质量和安全，促进建筑业健康发展。《建筑法》对于土木工程建设中的基本制度给出了法律规定，主要涉及施工许可制度、执业资格注册与管理制度、招标投标制度、总承包与分包制度、发包承包合同制度、工程监理制度、建筑安全生产管理制度、工程质量管理制度、竣工验收制度，这一系列基本制度的确定，为建立和完善建筑市场运行机制，加强土木工程产品生产的实施与管理，提供了重要的法律依据。因此在进行施工组织设计的过程中，务必严格贯彻执行《建筑法》，将其作为指导土木工程产品生产的基准。

在遵循基本建设程序的基础上，根据客观条件的许可，集中力量抓好主体工程与重点环节，使工程尽快建成。同时兼顾一般工程和配套工程，主次分明，合理有序。

2. 遵循工艺技术客观规律，科学合理安排施工顺序

施工顺序反映了工程项目建设中施工工艺与技术的客观规律要求，务必严格遵循。土木工程产品具有固定性属性，因此土木工程建设施工活动只能在同一空间上同时平行施工或先后交替进行，只有全面认清项目建设中蕴含的施工工艺与技术客观规律，安排好施工顺序，才能缩短建设工期，加快建设速度。

鉴于土木工程产品的多样性特征，土木工程产品生产伴随着工程性质和施工条件的不同，施工顺序会有一定差异，但长期实践表明，其中仍有共同遵循的规律，即先做准备工作，后进行正式施工；先完成全场性工程，后进行单位工程项目的施工；先进行主体工程施工，后进行装饰装修工程施工；在进行单位建筑物和构筑物施工时，既要考虑空间顺序，也要考虑工种工艺顺序，充分利用时间和空间资源，保证工程质量，达到各项施工活动紧密衔接，立体交叉流水作业，提高工程建设速度与工程项目管理水平。

3. 重视安全生产，确保工程质量

安全生产是土木工程建设实施的保障，工程质量是实现工程产品功能和寿命的基础，在施工组织设计中，坚决树立安全生产、质量第一的思想，重视安全教育和管理，贯彻落实各项安全操作规程，推行全面质量管理，遵守各项工艺规程和技术规范，严格工程质量验收和评定制度，建立健全保证工程施工质量和安全生产的有效措施。

4. 应用流水组织原理，组织有节奏、均衡、连续的施工

流水施工方法具有生产专业化程度高，个人施工操作熟练，产品质量稳定，劳动效率高，生产组织节奏性强，资源使用均衡，生产作业连续，工期合理，成本最优等特点，大力推广流水作业组织施工，使工程项目的建设有节奏、均衡、连续进行，带来可观的技术经济效益。

网络计划技术是目前开展技术管理的先进技术，具有逻辑严密，层次清晰，重点突出，动态控制的特点，有利于整个工程建设计划的优化与调整，有利于计算机在土木工程施工管理中的推广应用，可有效提高工程项目的管理水平，获得显著经济效益。

5. 加强季节性施工措施，确保全年连续施工

绝大多数的土木工程产品生产均处于露天环境，施工过程受气候和季节影响大，无论是寒冷的冬季，还是多雨的夏季，全年不利于施工的时间将占到一半左右，为了确保全年施工的均衡性和连续性，必须采取可靠的季节性施工措施，充分了解工程项目所在地的气象条件和水文地质情况，采取合理的技术组织措施，妥善安排施工进度计划，尽可能降低因采用季节性施工措施而额外增加的费用。常见的技术组织措施如在雨期和洪水期，避免安排土方工程、地下工程；冬期施工现浇混凝土工程做好保温工作；大风气候中，严禁安排高空作业、结构吊装等工作。

6. 提高施工机械化和预制装配化水平

应积极贯彻建筑工业化方针，大力发展工厂预制和现场预制的生产，扩大预制构件的应用范围，充分利用大型专业机械设备，降低劳动强度，加快施工速度，保证施工质量，提高生产效率。在施工组织设计中，因地制宜地充分利用工程项目现有机械设备，综合考虑性价比优选施工机械机具，保持机械作业的连续性，提高机械机具的利用率。

7. 积极采用先进技术，提高组织管理水平

采用国内外施工建设中应用的各类先进施工技术和科学管理方法，可以

有效地促进技术进步，提高企业素质，加快施工进度，降低建设成本。在进行施工组织设计时，应积极主动采集新技术、新工艺、新机械、新材料、新方法应用的信息，注重现代化管理方法的实践与应用，真正实现将科技转化为生产力。

8. 厉行节约，控制成本，争创效益

土木工程产品的生产是建筑材料等资源消耗的过程，务必在施工组织设计中，注意控制资源消耗，提高施工经济效益。

1.3 施工准备工作

施工准备工作是为了创造有利的施工条件，保证施工任务能够顺利完成。根据开展时间和准备内容的不同，施工准备工作可以分为项目建设前期施工的准备工作、单位工程开工前的施工准备工作、施工期间的经常性施工准备工作、冬雨期施工和特殊施工准备四类。

1.3.1 建设前期的施工准备

大型建设项目的设计和施工准备工作是紧密相关的，设计方案一旦确定，施工准备工作也就提到了议事日程上。对于大型建设项目全面施工开始之前的施工准备，往往需要持续相当长的时间，它是整个工程建设的序幕，也称为建设前期的施工准备。其重点是：

1. 落实施工组织准备措施

施工组织准备措施的内容包括：

（1）确立工程建设指挥机构，委派建设项目总经理、总工程师，组建各主要业务工作部门，建立健全工程建设的管理工作体系。

（2）拟定参加项目工程建设的建筑安装企业和专业化施工机构的招标投标方案和承发包模式，规划好施工队伍进场后的生产、生活设施的布局。

（3）办理各项计划、规划和施工手续，为早日动工创造必备条件。

（4）研究建设项目融资方案，解决建设资金问题，科学合理地制定建设资金的使用计划。

（5）及时审批建设项目的技术设计，明确施工任务，编制施工组织设计文件，划分施工阶段，确定建设总进度计划，在施工组织设计中列出准备时期须完成的项目。

（6）对施工地区的自然条件和技术经济条件进行调查和勘测，并办理施工生产用地的征用手续。

（7）匡算各种施工技术物资需求量，落实货源与供应商，签订各类材料、构件、配件、制品采购订货合同。

2. 完成场内场外准备工程

施工场内、场外准备工程应在主要工程开工之前完成。

场外准备工程包括：修筑通往建筑场地及沿线供应基地的室外专用铁路、

公路、码头、通信线路、配有变电站的输电线路、带引水结构物的给水管网及有净水设施的排水干管；在尚未成熟开发的地区进行建设时，场外准备工程还包括建立建筑材料和构件的生产企业，这些企业的任务是向该建筑工程提供产品，以及设计规定的供施工人员居住和使用的住房及公共建筑物。

场内准备工程包括：为建立工程测量控制网和施工测量放样做好准备工作；开拓建筑场地，清理施工现场，拆除在施工过程中不使用的建筑物；施工现场的工程准备工作包括平整场地，保证地表水的临时排水设施，迁移现有工程管道，修筑永久性和临时性场内道路，铺设供水、供电、供热管网，敷设电话和无线电通信网等；建立全场性仓储设施，修建设备和建筑构件的拼装场以及为工地服务的其他设施；安装工具库、机械设备库和临时构筑物，必要时建造临时为施工服务的永久性建筑物和构筑物；保证建筑工地所需的消防器材、通信工具和信号装置。

1.3.2 单位工程开工前的施工准备

无论单位工程是独立的或者是某建筑群的一部分，都只有在工程技术资料齐全、施工现场完成"四通一平"（即水通、路通、电通、网通和场地平整）以及主要建筑材料、构件、配件、制品基本落实的前提下，才具备开工条件。因此，单位工程开工前的施工准备工作，对于该工程施工活动的顺利开展，同样具有重要的作用。这方面准备工作的主要内容有：

1. 技术组织准备

（1）了解设计方案

全面了解扩大初步设计方案的编制情况，保证方案设计在质量、功能、工艺技术等方面能够适应当前建设发展水平，为项目的顺利实施奠定基础。

（2）审查设计图纸

开工之前，建设项目的工程设计图纸已备齐，设计人员已做了设计交底，施工技术人员已熟悉了图纸，掌握了工程设计意图；还要注意检查建筑、结构、设备等图纸本身及相互之间是否有错误与矛盾，图纸与说明书、门窗表、构件表之间有无矛盾和遗漏。

图纸审查一般分为图纸自审、三方会审和现场签证三个阶段；图纸自审由施工单位主持，并建立图纸自审记录；三方会审由建设单位主持，设计单位和施工单位三方参与，形成图纸会审纪要，由建设单位正式行文，三方会签加盖公章后，作为指导施工和工程结算的依据；现场签证是在施工建设实施过程中，遵循技术核定和设计变更签证制度，对发现的问题所进行的现场签证，作为指导施工、竣工验收和工程结算的依据。

（3）调查分析原始资料

其主要包括自然条件的调查分析和技术经济条件的调查分析两部分。对自然条件的调查分析包括对建设场地的气象、地形、工程地质与水文地质、现场障碍物、周边建筑物等项目的调查；对技术经济条件的调查分析包括当地建设施工企业状况、地方劳动力和技术水平状况、地方性资源、交通运输、水电能源、主要机具设备、建筑材料和特殊物资的生产能力和供应情况等项目的调查。

（4）技术文件的编制

编制施工图预算和施工预算及施工组织设计；拟定出推广新技术的项目及特殊工程施工、复杂设备安装的技术措施；制定技术岗位责任制，建立技术、质量、安全管理网络。

编制施工图预算和施工预算。施工图预算按照施工图纸、施工组织设计拟定的施工方法、预算定额和相关费用定额来编制；施工预算是在施工图预算或工程承包合同的基础上编制，是施工企业进行内部管理和核算的依据。

此外，对于独立的单位工程，施工单位必须在项目开工前，申请办理施工许可证。

2. 物资资源准备

（1）落实建设资金

建设项目的资金务必落实，投资方已按计划任务书批准的初步设计、工程项目一览表、批准的设计概算和施工图预算、批准的年度基本建设财务和物资计划等文件，将建设项目的所需资金拨付建设单位，建设单位按建设项目施工合同将工程备料预付款拨给承包的施工单位，施工单位即可备料准备开工。

（2）建筑材料、构（配）件、制品等准备

对钢材、木材、水泥等主要材料，根据施工预算的材料分析和施工进度计划要求，编制工程材料需求量计划，为工程备料、确定仓库堆场面积及组织运输提供依据。

对预制构（配）件和制品，根据施工预算所提供的预制构（配）件和制品名称、规格、数量和加工要求，编制预制构（配）件和制品需求量计划，为加工订货、组织运输和确定堆场面积提供依据。

编制的各类需要量计划交材料供应部门，及时组织采购和供应，以确保施工需要；砖、瓦、灰、砂、石等地方材料，是建筑施工的大宗材料，其质量、价格、供应情况对施工影响极大，施工单位应作为准备工作的重点，落实货源，办理订购手续，择优购买，必要时可直接组织地方材料的生产，以降低成本，满足施工要求；对工程建设需求量较大的工程构（配）件，如混凝土构件、木构件、水暖设备和配件、建筑五金、特种材料等都需及早组织进场，避免贻误工期或造成浪费；对钢筋及预埋件，土建开工前应先安排钢筋下料、制作，安排钢结构的加工等工作。

根据施工方案和施工进度计划的要求，编制施工机具和生产工艺设备需求量计划，为组织施工机具和生产工艺设备进场和确定停放场地提供依据。施工用的塔式起重机、卷扬机、搅拌机等施工机械，以及模板、脚手架、支撑、安全网等施工工具，都由施工现场统一调配，并按施工进度计划分批进场，做到既满足施工需要，又节省机械台班租赁费用。

3. 劳动组织准备

根据工程规模、结构特点和复杂程度，建立工程项目组织机构，结合建设项目实际，任命既有施工实践经验，又有领导组织才能的注册执业工程师担任项目经理，组建工程项目建设领导机构，配齐一支既能承担各项技术责任，又能实施各项操作的精干队伍。

根据工程特点和施工组织方式，组建精干的专业施工队伍，确定各施工班组合理的劳动组织，制定劳动力需求计划。

按照开工日期和劳动力需求计划，组织劳动力进场，并进行劳动纪律、安全施工和文明施工教育。

为了贯彻落实施工进度计划和技术责任制，按照常用的矩阵式管理系统，逐级进行交底，交底内容主要包括：工程施工进度计划和月度作业计划、各种工艺操作规程和质量验收规范标准、各项安全措施以及降低成本和保证质量的措施。

4. 施工现场准备

（1）建立建设场地工程测量控制网，及时做好施工现场补充勘测，取得工程地质第一手资料，了解拟建工程位置的地下有无暗沟、墓穴或地下管道等。

（2）移除树木灌木，清除地上和地下障碍物，平整场地。

（3）铺设临时施工道路，接通施工临时供水、供电、供热管线，保证通信网络畅通。

（4）做好场地排水和防洪设施。

（5）搭设仓库、工棚和办公、生活等施工临时用房。

（6）修筑好施工场地封闭围墙、围挡。

（7）设置防火保安等消防保安设施。

（8）组织施工机具和材料进场，根据规定进行材料进场检验，完善落实冬期施工、雨期施工和高温季节施工所需施工设施和相应的技术组织措施。

5. 场内外协调准备

（1）做好各专业工程分包部署，一般对于大型土石方工程、结构安装工程、设备安装工程、深基础工程等工程，对专业承包企业进行招标，优选分包合作伙伴，签订专业工程分包合同。

（2）做好本项目暂缺施工机具、设备的租赁、订购工作，与相关协作单位签订租赁合同或订购合同，满足正常施工建设需求。

1.3.3 施工期间的经常性准备工作

在工程项目施工期间的经常性准备工作主要有：坚持例行岗位安全教育，明确施工质量检查验收制度；按照单位工程施工设计的要求，完成各阶段施工平面的动态布置与调整，优化仓储、临建设施布置，提高施工场地利用率；根据施工进度计划，组织建筑材料和构件进场，认真做好进场后的检验试验和储存保管工作，详细核对材料的品种、规格和数量；做好各项施工前的技术交底工作，逐项签发施工任务单；做好施工机械、设备的经常性检查和维护工作，满足正常施工建设需求；做好新工艺、新材料、新设备应用前的技术培训。

1.3.4　冬、雨期施工准备工作

1. 冬期施工准备

冬期施工是一项复杂而细致的工作。由于气温低、工作条件差、技术要求高，因此，认真做好冬期施工准备，对提升工程整体质量，确保全年连续施工，具有特殊的意义。

（1）合理调整冬期施工项目进度。在安排施工进度时，对于受冬期施工影响较大的项目，如土方、外粉刷、防水工程、道路等，尽量安排在冬期到来之前施工；同时，应尽可能缩小冬期施工作业面积，对于有条件完成外维护工程的项目，尽可能安排在冬季到来之前完成外维护施工，为冬期施工创造工作面。

（2）采取防冻保暖措施。施工临时给水排水管网应采用切实有效的防冻措施，免受冻结或爆裂；道路要注意及时清理积雪覆冰，防止阻塞交通，保持运输畅通。

（3）做好冬期物资材料的供应和储备。鉴于冬期运输相对困难，冬期施工前需适当增大物资材料的储备量，并准备好冬期施工常用的特殊材料，如混凝土促凝剂、御寒防风用品等。

（4）加强防火安全措施。冬期施工期间，气候干燥，保温、取暖用火源增多，务必加强消防安全工作，经常检查消防器材和装备的性能状况。

2. 雨期施工准备

（1）注意晴雨结合，争取不间断施工。在雨期来临之前，尽可能创造出适宜雨期施工的室外或室内的工作面，对于大型土石方工程、屋面防水工程、外部装修工程等宜先行完成。

（2）做好排水防洪准备工作。保持排水畅通，防止低洼工作面积水。

（3）采取有效技术措施，保证雨期工程质量。如防止砂浆、混凝土含水量出现异常，防止水泥受潮凝结，注意物资保管，减少损耗。

（4）做好安全防护工作。防止雨期基坑边坡塌方、防止洪水淹泡、漏电触电等。

1.4　施工组织设计

1.4.1　施工组织设计的概念

施工组织设计是指导一个拟建工程进行施工准备和组织实施施工的基本的技术经济文件。它的任务是要对具体的拟建工程（建筑群或单个建筑物）的施工准备工作和整个施工过程，在人力和物力、时间和空间、技术和组织上，做出一个全面而合理，符合好、快、省、安全要求的计划安排。

9

1.4.2 施工组织设计的作用

1. 统一规划和协调复杂的施工活动

做任何事情之前都不能没有通盘的考虑和计划，否则不可能达到预定的目的。施工的特点综合表现为复杂性，要完成施工任务、达到预定的目的，一定要预先制订好相应的计划，并且切实执行。对于施工单位来说，就是要编制生产计划；对于一个拟建工程来说，就是要进行施工组织设计。

2. 对拟建工程施工全过程进行科学管理

施工全过程是在施工组织设计的指导下进行的。首先，在接受施工任务并得到初步设计以后，就可以开始编制建设项目的施工组织设计。施工组织设计经主管部门批准以后，再进行全场性施工的具体实施准备。随着施工图的出图，按照各工程项目的施工顺序，逐一制定各单位工程的施工组织设计，然后根据各个单位工程施工组织设计，指导实施具体施工的各项准备工作和施工活动。在施工工程的实施过程中，要根据施工组织设计的计划安排，组织现场施工活动，进行各种施工生产要素的落实与管理，进行施工进度、质量、成本、技术与安全的管理等。

3. 使施工人员心中有数，工作处于主动地位

施工组织设计根据工程特点和施工的各种具体条件科学地拟定了施工方案，确定了施工顺序、施工方法和技术组织措施，排定了施工的进度；施工人员可以根据相应的施工方法，在进度计划的控制下，有条不紊地组织施工，保证拟建工程按照合同的要求完成。通过施工组织设计，把施工生产合理地组织起来了，规定了有关施工活动的基本内容，保证了具体工程的施工得以顺利进行和完成施工任务。因此，施工组织设计的编制，是具体工程施工准备阶段中各项工作的核心，在施工组织与管理工作中占有十分重要的地位。

1.4.3 施工组织设计的基本内容及其分类

1. 施工组织设计的基本内容

根据工程规模和特点的不同，施工组织设计编制内容的繁简程度有所差异。但不论何种施工组织设计，要完成组织施工的任务，一般都必须具备施工方案、施工进度计划、施工现场平面布置和各种资源需用量计划等基本内容。

（1）施工方案

施工方案是指拟建工程所采取的施工方法及相应施工方案的技术组织措施的总称。施工方案是组织施工应首先考虑的根本性的问题。施工方案的优劣，在很大程度上决定了施工组织设计的质量与施工任务完成的好坏。

施工方案主要有施工方法的确定、施工机具的选择、施工顺序的安排、流水施工的组织四个方面的内容。施工方法的确定和施工机具的选择属于施工方案的技术内容，施工顺序的安排和流水施工的组织属于施工方案的组织内容。

制定和选择施工方案的基本要求是：在切实可行的基础上，满足工期、质量和施工生产安全的要求，并在此基础上尽可能争取施工成本最低、效益最好。

施工方案一般用文字叙述，必要时可结合图、表进行说明。

（2）施工进度计划

施工进度计划是表示各项工程的施工顺序和开、竣工时间以及相互衔接的关系，以便有步骤、均衡连续地按照规定期限，好、快、省、安全地完成施工任务的计划。它带动和联系着施工中的其他工作，使其他工作都围绕着施工进度计划并适应它的要求加以安排。其在施工组织设计中起着主导作用，一般用横道计划图或网络计划图来表达，也可以结合一定的文字予以说明。

（3）施工平面布置

施工的流动性决定了施工现场的临时性施工平面布置，施工的个别性决定了每个工程具有不同的施工现场环境。为保证施工的顺利进行，提高劳动效率，每个工程都必须根据工程特点、现场环境，对施工必需的各种材料物资、机具设备、附属设施进行合理布置，为施工创造良好的现场条件。施工平面布置的目的就是在施工过程中，对人员、材料、机械设备和各种为施工服务的设施所需的空间，做出最合理的分配和安排，并使它们相互间能有效地组合和安全地运行，其在施工组织设计中一般用施工平面图表达。

（4）各种资源需要量计划

施工所需资源（人力、材料物品、机具设备等）是实现施工方案和进度计划的前提，是决定施工平面布置的主要因素之一。施工所需资源的数量和种类取决于工程规模、特点和施工方案，其进场顺序和需要时间是由进度计划决定的。在施工组织设计中，各种资源需用量及进场时间顺序一般用表格的形式表达，称之为资源需用量计划表。

2. 施工组织设计的分类

根据工程规模、结构特点、技术繁简程度及施工条件的差异，施工组织设计在编制的深度和广度上都有所不同。目前在实际工作中主要有以下几种：

（1）施工组织规划设计

它是在初步设计阶段编制的。其主要目的是根据施工工程的具体建设条件、资源条件、技术条件和经济条件，做出一个基本轮廓的施工规划，借以肯定拟建工程在指定地点和规定期限内进行建设的经济合理性和技术可能性，为国家审批设计文件时提供参考和依据，并使建设单位能据此进行初步的准备工作，也是施工组织总设计的编制依据。

（2）施工组织总设计

施工组织总设计是以一个建设项目或建筑群为编制对象，用以指导其施工全过程各项活动的技术、经济的综合性文件。它是整个建设项目施工的战略部署文件，其范围较广，内容比较概括。它是在初步设计或扩大初步设计批准后，由总承包单位牵头，会同建设、设计和其他分包单位共同编制的。它是施工组织规划设计的进一步具体化的设计文件，也是单位工程施工组织设计的编制依据。

（3）单位工程施工组织设计

它是以单位工程（一个建筑物、构筑物或一个交竣工系统）为编制对象，用以指导其施工全过程各项活动的技术、经济的综合性文件。它是施工组织总设计的具体化设计文件，其内容更详细。它是在施工图完成后，由工程项目部负责组织编制的。它是施工单位编制季度、月份和分部(项)工程作业设计的依据。

（4）分部、分项工程施工组织设计

它是以施工难度较大或技术较复杂的分部、分项工程（如复杂的基础工程、特大构件的吊装工程、大量土石方的平整场地工程等）为编制对象，用来指导其施工活动的技术、经济文件。它结合施工单位的月、旬作业计划，把单位工程施工组织设计进一步具体化，是专业工程的具体施工设计文件。一般在单位工程施工组织设计确定了施工方案后，由项目技术负责人编制。

小结及学习指导

1. 基本建设程序，是指在进行基本建设全过程中各项工作应遵循的先后顺序。它是指基本建设全过程中各环节、各步骤之间客观存在的先后顺序，是由基本建设项目本身的特点和客观规律决定的。

2. 施工准备工作是在土木工程产品正式开工建设前，为保证工程建设项目的正常运作而事先完成的各项准备性工作，工程建设方通过精心细致的施工准备，为工程项目建设创造有利的施工条件，以保证施工建设任务顺利完成，为业主交付优质土木工程产品。

3. 施工组织设计是根据施工预期目标和实际施工条件，选择最合理的施工方案，指导拟建工程施工全过程中各项活动的技术、经济和组织的基础性综合文件。它的任务是要对具体的拟建工程（建筑群或单个建筑物）的施工准备工作和整个施工过程，在人力和物力、时间和空间、技术和组织上，做出统筹兼顾、全面合理的计划安排，实现科学管理，达到提高工程质量、加快工程进度、降低工程成本、预防安全事故的目的。

思考题

1-1 土木工程产品的生产有哪些特点？

1-2 施工组织设计的编制原则有哪些？

1-3 施工准备工作分为哪几类？

1-4 施工组织设计的基本内容有哪些？

1-5 什么是分部、分项工程施工组织设计？

码1-1 第1章
思考题参考答案

第2章
流水施工原理

本章知识点

【知识点】
　常用的施工组织方式及其特点，流水施工的主要参数，等节奏流水、异节奏流水、无节奏流水等组织特点及相关计算。

【重点】
　掌握流水施工的主要参数的确定，会求解等节奏流水、异节奏流水（含成倍节拍流水）、无节奏流水的相关参数。

【难点】
　异节奏流水、无节奏流水的概念及其计算。

　　流水作业法是一种诞生较早、组织生产行之有效的科学组织方法。流水施工是由固定组织的工人在若干个工作性质相同的施工环境中依次连续地工作的一种施工组织方法。它建立在分工协作和大批量生产的基础上，充分利用工作时间和操作空间，使生产过程得以连续、均衡、有节奏地进行，能提高劳动生产率、缩短工期、节约施工费用。

2.1　流水施工的基本概念及主要参数

　　在组织多幢同类型房屋或将一项土木工程分成若干施工区段进行施工时，对于同一施工对象，采用不同的作业组织方法，其技术经济效益也各不相同。

2.1.1　流水施工的概念

　　在拟建工程的施工过程中，常用的施工组织方式有依次施工、平行施工和流水施工三种。

　　1. 依次施工

　　依次施工组织方式是将拟建工程项目的整个建造过程分解成若干施工过程，按照一定的施工顺序，前一个施工过程完成后，后一个施工过程才开始施工。对建筑群而言，系指前一个工程完成后，后一个工程才开始施工。

　　【例 2-1】　拟建三幢相同建筑物，编号分别为Ⅰ、Ⅱ、Ⅲ。每幢建筑物的基础工程量均相等，都由挖基槽、垫层、砌基础和回填土四个施工过程组成，各施工过程的工作时间和施工人数如表 2-1 所示。若按依次施工组织生产，其施工进度计划如图 2-1、图 2-2 所示。

各基础工程施工过程的工作时间和施工人数　　　　　表 2-1

序号	施工过程	工作时间(天)	施工人数
1	挖基槽	3	8
2	垫层	1	6
3	砌基础	3	10
4	回填土	2	4

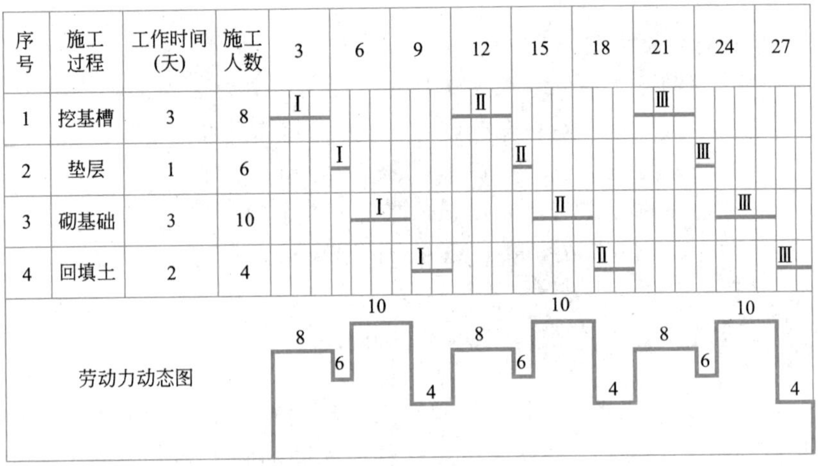

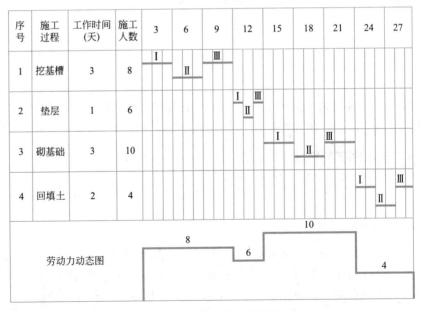

图 2-1　依次施工进度计划之一

图 2-2　依次施工进度计划之二

从图 2-1 和图 2-2 可以看出，依次施工组织方式具有以下特点：

（1）不能充分利用工作面进行施工，工期长；

（2）各专业队不能连续作业，产生窝工现象；

（3）单位时间内投入的资源量较少，有利于资源供应的组织工作；

（4）施工现场的组织、管理较简单。

2. 平行施工

平行施工是在拟建工程任务十分紧迫、工作面允许且资源能保证供应的条件下，组织几个相同的工作队，在同一时间、不同空间上平行施工；或将几幢建筑物同时开工，平行施工。

【例 2-2】 在例 2-1 中，如果采用平行施工组织方式，其施工进度计划如图 2-3 所示。

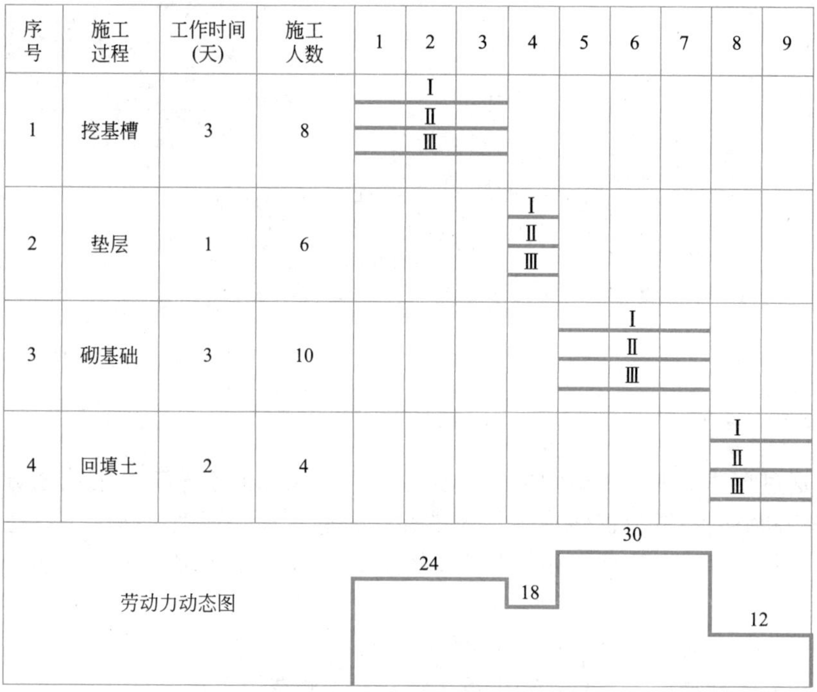

序号	施工过程	工作时间（天）	施工人数	1	2	3	4	5	6	7	8	9
1	挖基槽	3	8	I／II／III								
2	垫层	1	6				I／II／III					
3	砌基础	3	10					I／II／III				
4	回填土	2	4								I／II／III	
劳动力动态图					24		18	30			12	

图 2-3　平行施工进度计划

从图 2-3 可以看出，平行施工组织方式具有以下特点：

（1）充分利用工作面进行施工，工期短；

（2）各专业工作队数量增加，但仍不能连续作业；

（3）单位时间投入的资源量消耗集中，现场临时设施也相应增加；

（4）施工现场的组织、管理复杂。

平行施工适用于拟建工程任务十分紧迫、工作面允许以及资源能保证供应的工程项目的施工。

3. 流水施工

流水施工是将拟建工程项目的全部建造过程，根据工程特点和结构特征，划分为若干个施工过程；同时将拟建工程在平面上划分为若干个施工段；在竖向上划分为若干个施工层；按照施工过程分别建立相应的专业工作队；各专业队按照一定的施工顺序进行施工，依次在各施工区段上重复完成相同的工作内容，使施工连续、均衡、有节奏地进行。

【例 2-3】 在例 2-1 中，如果采用流水施工组织方式，其施工进度计划如图 2-4 所示。

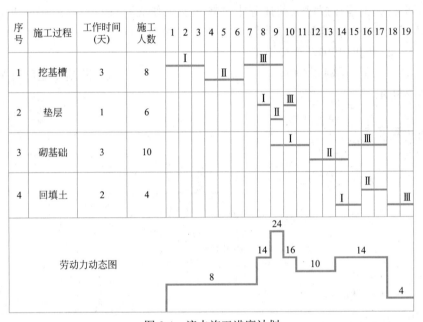

图 2-4 流水施工进度计划

通过上述三种施工组织方式的比较可以看出，流水施工在工艺划分、时间安排和空间布置上都体现出了科学性、先进性和合理性，确保了各施工过程生产的连续性、均衡性和节奏性。从图 2-4 可以看出，流水施工组织方式具有以下特点：

（1）工作队及工人实现了专业化生产，有利于提高技术水平和进行技术革新，有利于保证施工质量，减少返工浪费和维修费用；

（2）工人实现了连续性单一作业，便于改善劳动组织、操作技术和施工机具，增加熟练技巧，有利于提高劳动生产率（一般可提高 30%~50%），加快施工进度；

（3）由于资源消耗均衡，避免了高峰现象，有利于资源的供应与充分利用，减少现场临时设施和机械，可有效降低工程成本（一般可降低 6%~12%）；

（4）施工具有节奏性、均衡性和连续性，减少了施工间歇，可缩短工期（比依次施工可缩短 30%~50%），尽早发挥工程项目的投资效益；

（5）施工机械、设备和劳动力得到合理、充分利用，减少浪费，有利于提高施工单位的经济效益。

2.1.2 流水施工的主要参数

在组织流水施工时，用以表达流水施工在工艺流程、空间及时间方面开展状态的参数，统称为流水参数。按其性质分为工艺参数、空间参数和时间参数三类。

2.1.2.1　工艺参数及其确定

工艺参数是用以表达流水施工在施工工艺上的开展顺序及其特性的参数。通常工艺参数包括施工过程数和流水强度。

1. 施工过程数 n 及其确定

（1）施工过程数

在组织流水施工时，用以表达流水施工在工艺上开展层次的有关过程，统称为施工过程。每一施工过程所包含的施工范围可大可小，既可以是分项工程，也可以是分部工程或单位工程。按工程的性质和特点，施工过程分为三类：即制备类、运输类和建造类。制备类是为制造建筑制品和半成品而进行的施工过程，如构件制作、砂浆或混凝土的拌制、钢筋成型等；运输类是把材料、制品运送到工地仓库或现场使用地点的施工过程；建造类是在施工对象的空间上直接进行砌筑、安装与加工，最终形成土木工程产品的施工过程。

施工过程的数目一般用 n 表示。根据组织流水的范围，施工过程的范围可大可小。划分时，应根据工程的类型、进度计划的性质、工程对象的特征来确定。

（2）施工过程数 n 的确定

施工过程数的划分应适量，不宜太多、太细，以免使流水施工组织复杂化，造成主次不分；也不能太粗、太少，以免计划过于笼统，失去指导施工的作用。一般来讲，应以主导施工过程为主，力求简洁；占用时间很少的施工过程可以忽略；工作量较小且由一个专业队组同时或连续施工的几个施工过程可合并为一项，以便于组织流水。

施工过程数 n 的确定，与该单项工程的复杂程度、施工方法等有关。从施工过程的性质考虑，建造类施工过程在施工中占有主导地位，直接占用施工对象的空间，影响工期的长短，因而在编制流水施工计划时必须列入；制备类和运输类施工过程一般不占用施工对象的工作面，不影响工期，故在流水施工计划中可以不列入；需占用工期或工作面而影响工期的运输过程或制备过程，应列入流水施工的组织中，如装配式单层厂房的现场制作、构件运输等。

施工过程划分后，应找出主导施工过程(工程量大、对工期影响大或对流水施工起决定性作用的施工过程)，以便抓住流水施工的关键环节。此外，还应分析、处理好技术间歇或组织间歇的不连续施工过程，以及有穿插的施工工程的关系。在流水施工组织中进行合理搭接、穿插和安排间歇时间，以达到整体优化的目的。

2. 流水强度及其确定

在组织流水施工时，某一施工过程在单位时间内所完成的工程量，称为该施工过程的流水强度，或称为流水能力、生产能力，一般用 V_i 表示。

（1）机械操作流水强度按式（2-1）计算。

$$V_i = \sum_{j=1}^{x} R_j \cdot S_j \qquad (2-1)$$

式中　V_i——某施工过程 i 的机械操作流水强度；

　　　R_j——投入施工过程 i 的第 j 种施工机械的台数；

　　　S_j——投入施工过程 i 的第 j 种施工机械的产量定额；

　　　x——投入施工过程 i 的施工机械种类数。

（2）人工操作流水强度按式（2-2）计算。

$$V_i = R_i \cdot S_i \qquad (2-2)$$

式中　V_i——投入施工过程 i 的人工操作流水强度；

　　　R_i——投入施工过程 i 的专业工作队人数（应小于工作面上允许容纳的最多人数）；

　　　S_i——投入施工过程 i 的专业工作队平均产量定额。

2.1.2.2　空间参数及其确定

在组织流水施工时，用以表达流水施工在空间布置上所处状态的参量，称为空间参数。它包括工作面、施工层和施工段等。

1. 工作面 A 及其确定

在组织流水施工时，某专业工种施工时所必须具备的活动空间，称为该工种的工作面。它表明施工对象上可能安置多少工人操作或布置施工机械地段的大小，反映了施工过程（工人操作、机械布置）在空间上布置的可能性，应根据该工种的产量定额和安全施工技术规程的要求来确定工作面，一般用 A 表示。工作面确定得合理与否，将直接影响工人的劳动生产效率和施工安全。常见工种工程的工作面见表 2-2。

常见工种工程所需工作面参考数据　　　　　　　　表 2-2

序号	工作项目	每个技工的工作面
1	砌 740 厚基础	4.2m/人
2	砌 240 砖墙	8.5m/人
3	砌 120 砖墙	11m/人
4	砌框架间墙	6m/人
5	浇筑混凝土柱、墙基础	8m³/人（机拌、机捣）
6	现浇钢筋混凝土柱	2.45m³/人（机拌、机捣）
7	现浇钢筋混凝土梁	3.2m³/人（机拌、机捣）
8	现浇钢筋混凝土楼板	5m³/人（机拌、机捣）
9	外墙抹灰	16m²/人
10	内墙抹灰	18.5m²/人
11	卷材屋面	16m²/人
12	门窗安装	11m²/人

2. 施工层数 j 及其确定

组织流水施工时，为了满足结构构造及专业工种对施工工艺和操作高度的要求，需将施工对象在竖向划分为若干个操作层，称为施工层。施工层的划分，要按施工工艺的具体要求及建筑物楼层和脚手架的高度来确定。如一般房屋的结构施工、室内抹灰等，可将每一楼层作为一个施工层；单层厂房的围护墙砌筑、外墙抹灰、外墙面砖等，可将每步架或每个水平分格作为一个施工层。

3. 施工段数 m 及其确定

（1）施工段的概念

在组织流水施工时，通常把施工对象在平面上划分成劳动量大致相等的若干个独立区段，称为施工段或流水段。

（2）施工段划分的目的

划分施工段是流水施工的基础。分段的目的是保证各专业工作队有自己的工作空间，避免工作中的相互干扰，使得各专业工作队能够同时在不同的空间上进行平行作业，以达到缩短工期的目的。施工段的划分数目是流水施工的基本参数之一，称为施工段数，用 m 表示。

（3）划分施工段的原则

施工段数要适当。过多，势必要减少工人数而延长工期；过少，将会造成资源供应过分集中，不利于组织流水施工。为了使施工段划分更科学、合理，通常应遵循以下原则：

1）施工段的分界线应尽可能与结构的自然界线（如沉降缝、伸缩缝等）一致，或设在对结构整体性影响较小的门窗洞口等部位，凡不允许留设施工缝的部位均不能作为施工段的分界线；

2）同一专业工作队在各个施工段上的劳动量应大致相等，相差不宜超过 15%；

3）施工段大小应满足工作面的要求，以保证施工效率和安全；

4）分段要以主导施工过程为主，段数不宜过多，以免使工期延长；

5）当施工有层间关系，分段又分层时，若要保证各队连续施工，则每层施工段数应大于或等于施工过程数（或施工队组数）n，即 $m \geqslant n$。

2.1.2.3　时间参数及其确定

在组织流水施工时，用以表达流水施工在时间排列上所处状态的参数称为时间参数。时间参数包括流水节拍、流水步距、技术间歇、组织间歇和搭接时间等。

1. 流水节拍 t

组织流水施工时，每个专业队在各个施工段上完成相应的施工任务所必需的工作持续时间，称为流水节拍，以 t 表示。流水节拍的长短直接关系着投入的劳动力、机械和材料量的多少，决定着施工的速度和施工的节奏性。其确定方式主要有以下三种：

（1）定额计算法

定额计算法又称顺排进度法。其确定过程为：先计算施工过程的工程量，

19

依据劳动定额、补充定额等，按式(2-3)计算。

$$t_{ij} = \frac{Q_{ij} \cdot H_i}{R_{ij} \cdot N_i} = \frac{P_{ij}}{R_{ij} \cdot N_i} \tag{2-3}$$

式中　t_{ij}——施工过程 i 在施工段 j 上的流水节拍，其中 $i=1$，2，…，n，$j=1$，2，…，m；

Q_{ij}——施工过程 i 在施工段 j 上的工程量；

H_i——施工过程 i 专业工作队的计划时间定额；

R_{ij}——施工过程 i 在施工段 j 上的工人班组人数(或机械台数)；

N_i——施工过程 i 专业工作队的工作班次(或台班数)；

P_{ij}——施工过程 i 在施工段 j 上的劳动量或机械台班数量。

【例 2-4】　某框架结构第一施工段砌砖工程量为 56m³，砌砖工人数为 10人，计划时间定额为 0.937 工日/m³，工作班次 $N=1$，试确定其流水节拍。

【解】　　　　$t = \dfrac{56 \times 0.937}{10 \times 1} = 5.25 \approx 5$ 天

(2) 经验估算法

经验估算法是根据以往的施工经验进行估算。为提高准确度，往往需要先估算出该流水节拍的最长、最短和正常(即最可能)三种时间，然后根据式(2-4)计算期望时间作为专业工作队的流水节拍。

$$t = \frac{a + 4c + b}{6} \tag{2-4}$$

式中　t——某施工过程在某施工段上的流水节拍；

a——某施工过程在某施工段上的最短估算时间；

b——某施工过程在某施工段上的最长估算时间；

c——某施工过程在某施工段上的正常估算时间。

(3) 工期计算法

工期计算法又称倒排进度法，适用于某些在规定工期内必须完成的工程项目。可根据工期要求，用式(2-5)反算出所需要的人数(或机械台班数)。在这种情况下，必须检查劳动力、材料和机械供应的可能性，工作面是否足够等。

$$t = \frac{T}{m} \tag{2-5}$$

式中　t——某施工过程在某施工段上的流水节拍；

T——某施工过程的工作持续时间；

m——某施工过程划分的施工段数。

当施工段数确定后，流水节拍大，则工期长；流水节拍小，则工期短。因此，从理论上讲，流水节拍越小越好。但实际施工中由于受工作面的限制，每一施工过程在各施工段上都存在最小流水节拍，其数值可按式(2-6)计算。

$$t_{min} = A_{min} \cdot \mu \cdot H \tag{2-6}$$

式中　t_{min}——某施工过程在某施工段上的最小流水节拍；

A_{min}——每个工人所需的最小工作面；

μ——单位工作面工程量含量；

H——时间定额。

确定流水节拍时，应注意如下问题：

1）确定专业队人数时，应尽可能不改变原有的劳动组织，使其具备集体协作的能力，并应考虑工作面的限制。

2）确定机械数量时，应考虑机械设备的供应情况、工作效率及其对场地的要求。

3）受技术操作或安全质量等方面限制的施工过程（如砌墙受每日施工高度的限制），在确定其流水节拍时，应满足其作业时间长度、间歇性或连续性等限制的要求。

4）必须考虑材料和构配件供应能力和储存条件对施工进度的影响和限制。

5）为便于组织施工、避免工作队转移时浪费工时，流水节拍值最好是半天的整数倍。

2. 流水步距 k

组织流水施工时，相邻两个专业工作队（或施工过程）相继投入施工的最小时间间隔，称为流水步距。流水步距一般用 $k_{i,i+1}$ 表示；流水步距的个数取决于参加流水作业的施工过程数，若施工过程数为 n，则流水步距的数为 $n-1$。

流水步距的大小直接影响工期，步距越大，工期越长；反之，则工期越短。

确定流水步距时，通常应满足以下几项原则：

（1）应始终保持两个相邻施工过程的先后工艺顺序；

（2）应保持相邻两个施工过程在各施工段上都能够连续作业；

（3）应保持相邻两个施工过程，在开工时间上实现最大限度、合理的搭接；

（4）应保证工程质量，满足安全生产。

3. 间歇时间

组织流水施工时，除要考虑相邻专业工作队之间的流水步距外，有时还需根据技术要求或组织安排，留出必要的等待时间，即间歇时间。间歇时间按位置不同，可分为施工过程间歇和层间间歇。在组织流水施工时必须分清技术间歇或组织间歇是属于施工过程间歇还是属于层间间歇，以便争取组织流水施工。

（1）技术间歇和组织间歇

间歇按其性质不同，可分为技术间歇和组织间歇。

1）技术间歇时间 S

根据施工过程的工艺特点，在流水施工中，除考虑相邻两个施工过程之间的流水步距外，还需考虑增加一定的技术间隙时间，即技术间歇时间。如楼板混凝土浇筑后，需要一定的养护时间才能进行后续工序的施工；又如屋面找平层完成后，需等待一定时间，使其彻底干燥，才能进行屋面防水层施工等。

2）组织间歇时间 G

根据组织因素要求，相邻两个施工过程在规定的流水步距以外需增加必要的间歇时间，如质量验收、安全检查等，即组织间歇时间。

（2）施工过程间歇和层间间歇

1）施工过程间歇时间 Z_1

在同一施工层内，相邻两个施工过程之间的工艺间歇或组织间歇统称为施工过程间歇时间；层内所有间歇时间之和记为 $\sum Z_1$，则 $\sum Z_1 = \sum S + \sum G$。

2）层间间歇时间 Z_2

在相邻两个施工层之间，前一施工层的最后一个施工过程与后一施工层相应施工段上的第一个施工过程之间的工艺或组织间歇统称为层间间歇时间。

4. 搭接时间 C

组织流水施工时，为了缩短工期，在前一施工过程的专业队撤出某一施工段前，后一施工过程的专业队提前进入该段施工，两者在同一施工段上同时施工的时间称为搭接时间。

5. 流水工期 T

流水工期是指从第一个专业队投入流水施工开始，到最后一个专业队完成流水施工为止的整个持续时间。

2.1.3　流水施工的表达方式

流水施工的指示图表，主要有水平指示图表和垂直指示图表两种。

1. 水平指示图表

水平图表又称横道图，是表达流水施工最常用的方法。它的左半部分是按照施工的先后顺序排列的施工对象或施工过程；右半部分是施工、进度，用水平线段表示工作的持续时间，线段上标注工作内容或施工对象。其表达方式如图 2-5 所示。

【例 2-5】　某项目有甲、乙、丙、丁四栋房屋的抹灰工程。天棚抹灰、内墙抹灰和楼面抹灰的流水节拍均为 3 天。内墙抹灰后有 3 天的组织间歇。其流水施工的横道图表达有两种形式：即在进度线上标注工作内容或施工对象。水平指示图表表达方式如图 2-5(a)、(b)所示。其中，以在进度线上标注施工对象的图 2-5(b)更为常用。

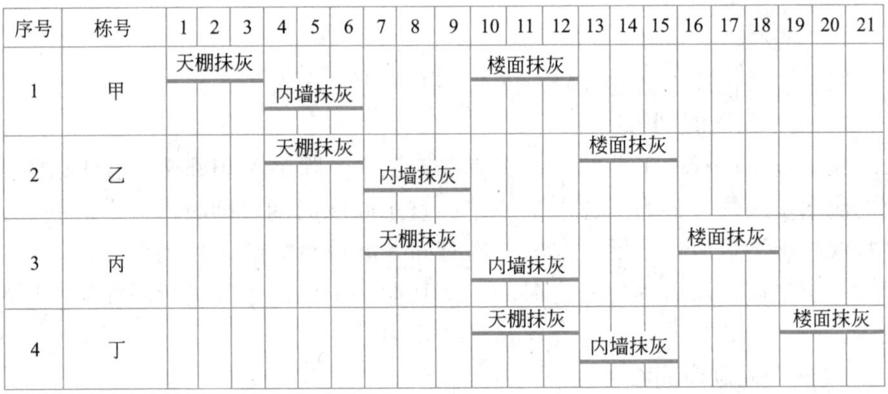

序号	栋号	1	2	3	4	5	6	7	8	9	10	11	12	13	14	15	16	17	18	19	20	21
1	甲	天棚抹灰			内墙抹灰						楼面抹灰											
2	乙				天棚抹灰			内墙抹灰						楼面抹灰								
3	丙							天棚抹灰			内墙抹灰						楼面抹灰					
4	丁										天棚抹灰			内墙抹灰						楼面抹灰		

(a) 进度线上标注工作内容的横道图

图 2-5（一）

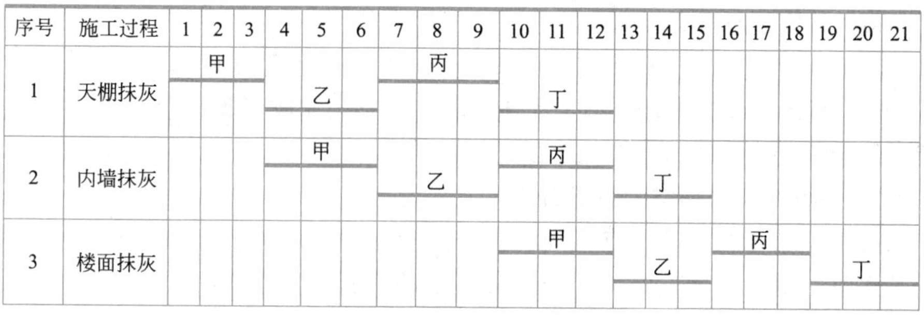

序号
施工过程
1 2 3 4 5 6 7 8 9 10 11 12 13 14 15 16 17 18 19 20 21
1
天棚抹灰
甲
丙
乙
丁
2
内墙抹灰
甲
丙
乙
丁
3
楼面抹灰
甲
丙
乙
丁

(b) 进度线上标注施工对象的横道图

图 2-5（二）

2. 垂直指示图表

在流水施工垂直指示图表中，横坐标表示流水施工的持续时间，纵坐标表示施工段的编号；每条斜线段表示一个施工过程或专业队的施工进度，其斜率不同表达了进展速度的差异。例 2-5 的垂直指示图表表达方式如图 2-6 所示。

序号
栋号
1 2 3 4 5 6 7 8 9 10 11 12 13 14 15 16 17 18 19 20 21
1
丁
2
丙
3
乙
4
甲
天棚抹灰
内墙抹灰
楼面抹灰

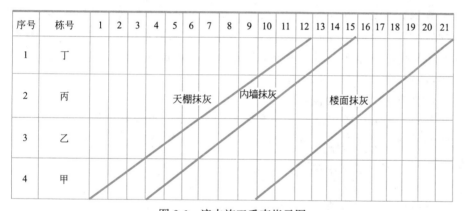

图 2-6　流水施工垂直指示图

2.2　流水施工的组织形式

2.2.1　流水施工的分类

流水施工可按其范围、节拍特征、空间特点等划分为不同类别。

1. 按照流水施工的范围分类

（1）分项工程流水，又称为细部流水，指一个专业队利用同一生产工具依次连续不断地在各个区段完成同一项施工过程的施工。如模板工作队依次在各施工段上连续完成模板的支设任务，即称为细部流水。

（2）分部工程流水，又称为专业流水，即在一个分部工程的内部，各分项工程之间组织的流水施工。该施工方式是各个专业队共同围绕完成一个分部工程的流水，如基础工程流水、主体结构工程流水、装修工程流水等。

（3）单位工程流水，指在一个单位工程内部，各分部工程之间组织的流水施工，即为完成单位工程而组织起来的全部专业流水的总和。

（4）群体工程流水，又称为大流水施工，是为完成工业企业或民用建筑群而组织起来的全部单位工程流水的总和。

2. 按组织流水的空间特点分类

按组织流水的空间特点不同，可分为流水段法和流水线法。流水段法常用于建筑、桥梁等体形宽大、构造较复杂的工程；流水线法常用于管线、道路等体形狭长的工程，其组织原理与流水段法相同。

3. 按流水节拍和流水步距的特征分类

在土木工程流水实践中，组织工程项目施工时，根据各施工过程时间参数的不同特点，流水施工可划分为有节奏流水和无节奏流水。有节奏流水，根据各施工过程之间流水节拍是否相等，又可以划分为等节奏流水（全等节拍流水）和异节奏流水；异节奏流水施工的特例是成倍节拍流水。

2.2.2　等节奏流水

等节奏流水，也称全等节拍流水，指流水组中各个施工过程在各施工段上的流水节拍全部相等的流水施工。等节奏流水是最理想的流水组织形式，在可能情况下应尽量采用。等节奏流水施工根据流水步距特点，可分为等节奏等步距和等节奏不等步距两种情况。

1. 单层房屋等节奏流水

首先考虑 n 个施工过程、m 个施工段、无间歇和搭接时间的单层房屋流水组织问题。设施工过程 $i(i=1, 2, \cdots, n)$ 在施工段上 $j(j=1, 2, \cdots, m)$ 的节拍为 t_{ij}。

（1）组织条件

设流水节拍 t_{ij} 满足如下条件：

$t_{i1}=t_{i2}=\cdots= t_{ij}=\cdots=t_{im}=t_i$，即同一施工过程在不同施工段上的流水节拍相等；

$t_1=t_2=\cdots= t_i=\cdots=t_n=t$，即不同施工过程在同一施工段上的流水节拍也彼此相等，为一固定值。

（2）组织方法

施工段数、施工过程数、流水节拍数等参数确定后，关键工作是要确定相邻施工过程依次开始施工的时间间隔，即流水步距 $K_{i,i+1}$。针对流水节拍特征，采取各施工过程均安排一个专业工作队，总工作队数等于施工过程数的做法，即，$b_i=1$、$\sum b_i=n$；取定各相邻施工过程间的流水步距 $K_{1,2}=K_{2,3}=K_{3,4}=\cdots=K_{i,i+1}=\cdots=K_{n-1,n}=t$。即各流水步距等于流水节拍。

（3）等节奏流水施工的特点和效果

等节奏流水施工组织方式中，时间和空间都得到了充分利用，施工效果良好。

经进一步分析可知，组织等节奏流水施工时，条件 $t_{i1}=t_{i2}=\cdots= t_{ij}=\cdots= t_{im}=t_i$ 较易满足，只需在划分施工段时给予适当考虑即可。但由于各施工过程的性质、复杂程度不同，条件 $t_1 = t_2 = \cdots = t_i = \cdots = t_n = t$ 有时无法满足。因此，等节奏流水是一种组织条件较为严格的方式。其流水施工特点和效果如下：

1）同一施工过程在不同施工段上的流水节拍相等，且各施工过程的流水节拍彼此相等，为一固定值，即 $t_{ij} = t_i = t$；

2）流水步距均相等，且等于流水节拍，即 $K_{i,i+1} = K = t$；

3）施工的专业队数 $\sum b_i$ 等于施工过程数 n，即每一个施工过程成立一个专业队，完成所有施工段上的任务；

4）同一专业工作队连续逐段转移，无窝工；

5）不同专业工作队按工艺关系对施工段连续加工，无工作面空闲。

（4）工期计算公式

等节奏流水的工期，可按式（2-7）计算。

$$T = (n-1)k + mt \tag{2-7}$$

因 $t = K$，可得式（2-8）、式（2-9）。

$$T = (m+n-1)K \tag{2-8}$$

$$T = (m+n-1)t \tag{2-9}$$

【例 2-6】 某单层房屋施工划分为Ⅰ、Ⅱ、Ⅲ、Ⅳ共四个施工过程，分四个施工段组织施工。各施工过程的流水节拍均为 2 天，无间歇和搭接时间。试绘制其流水施工的横道图。

【解】（1）确定流水节拍 t：等节奏流水，$t = 2$ 天；

（2）流水段数 m：$m = 4$ 段；

（3）计算流水工期 T：$T = (m+n-1)K = (4+4-1)\times 2 = 14$ 天；

（4）按等节奏等步距流水施工组织方法，绘制流水施工的横道图，如图 2-7 所示。

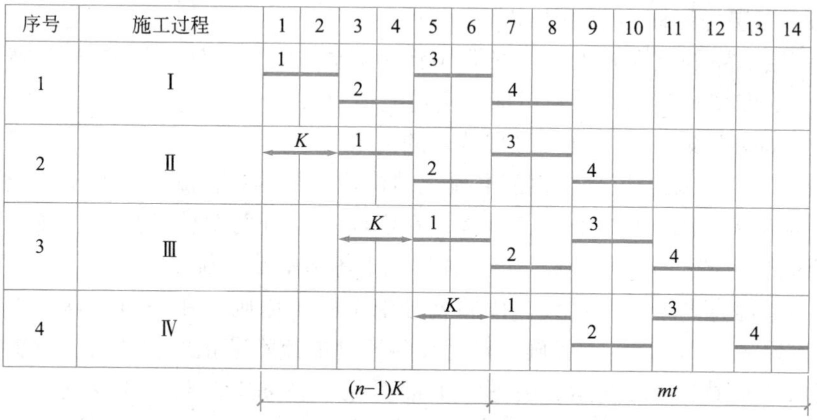

序号	施工过程	1	2	3	4	5	6	7	8	9	10	11	12	13	14
1	Ⅰ														
2	Ⅱ														
3	Ⅲ														
4	Ⅳ														

图 2-7 单层房屋等节奏等步距流水横道图

有间歇和搭接时间的单层房屋流水施工，计算流水工期时，当某施工过程要求有间歇时间时，应将施工过程与其紧后施工过程的流水步距加上相应的间歇时间，作为紧后施工过程开始施工的时间间隔进行绘制；若有平行搭接时间，则应从流水步距中扣除搭接时间。流水工期需按式（2-10）计算。

$$T=(m+n-1)K+\sum Z_1-\sum C \qquad (2-10)$$

式中 $\sum Z_1$——层内间歇时间之和；

$\sum C$——层内搭接时间之和。

【例2-7】 某单层房屋施工划分为Ⅰ、Ⅱ、Ⅲ共3个施工过程，分4个施工段组织施工。各施工过程的流水节拍均为2天。施工过程Ⅰ、Ⅱ间有1天搭接时间，施工过程Ⅱ、Ⅲ间有2天间歇时间。试绘制其流水施工的横道图。

【解】 (1) 确定流水节拍 t：等节奏流水，$t=2$ 天；

(2) 流水段数 m：$m=4$ 段；

(3) 计算流水工期 T：

$$T=(m+n-1)K+\sum Z_1-\sum C=(4+3-1)\times2+2-1=13 \text{ 天}$$

(4) 按等节奏不等步距流水施工的组织方法，绘制流水施工的横道图，如图2-8所示。

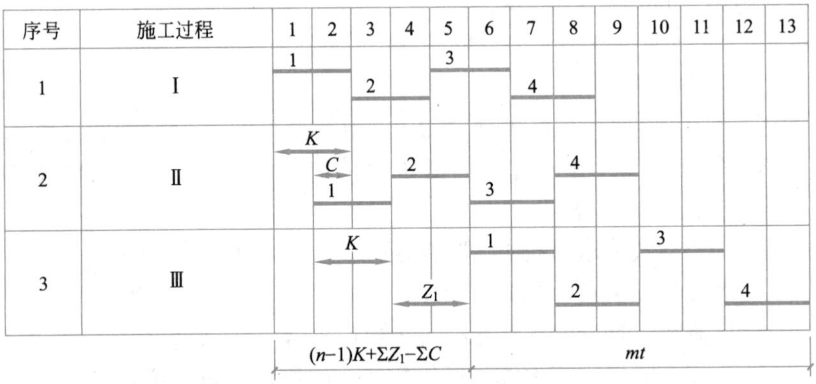

图2-8 单层房屋等节奏不等步距流水横道图($m>n$)

2. 多层房屋固定节拍流水

多层房屋的流水施工中，安排等节奏流水，每层的施工段数 m 与施工过程数 n 应保持一定的关系，以保证实现流水效果。

(1) 施工段数 m 与施工过程数 n 的关系

【例2-8】 某二层现浇钢筋混凝土结构建筑物的主体施工，有支模板、绑扎钢筋和浇筑混凝土3个施工过程；在竖向上划分两个施工层，$j=2$。以下分别讨论 $m>n$、$m=n$、$m<n$ 三种情况下等节奏流水施工。

本工程有3个施工过程，按照划分施工段的原则，在平面上分为4个施工段，即 $m=4$，$n=3$。各施工过程在各段上的流水节拍均为2天。组织等节奏流水，如图2-9(a)所示。由图2-9(a)可见，当 $m>n$ 时，各专业工作队能够连续作业，但施工段有空闲。图2-9(a)中，各施工段在第一层浇完混凝土后均空闲2天。工作面空闲，可用于弥补由于技术间歇、组织管理间歇和备料等要求所必需的时间，因此，可以接受。

按照划分施工段的原则，在平面上也可划分为三个施工段，即 $m=3$，$n=3$。各施工过程在各段上的流水节拍仍为2天（各段投入的资源较 $m=4$ 将增大）；组织等节奏流水，如图2-9(b)所示。由图2-9(b)可知，$m=n$ 时，各专业工作队能连续施工，施工段没有空闲，效果最理想。

按照划分施工段的原则，在平面上也可划分为 2 个施工段，即 $m=2$，$n=3$。各施工过程在各段上的流水节拍仍为 2 天（各段投入资源较 $m=4$ 时进一步增大）；组织等节奏流水，如图 2-9(c) 所示。由图 2-9(c) 可知当 $m<n$ 时，各专业工作队不能连续作业，施工段没有空闲；但特殊情况下施工段也会出现空闲，造成大多数专业工作队停工。因一个施工段只供一个专业工作队施工，超过施工段数的专业工作队就无工作面而停工。图 2-9(c) 中，支模工作队完成第一层的施工任务后，需停工 2 天方可进行第二层第一段的施工；其他队组均需停工 2 天，使得工期延长。

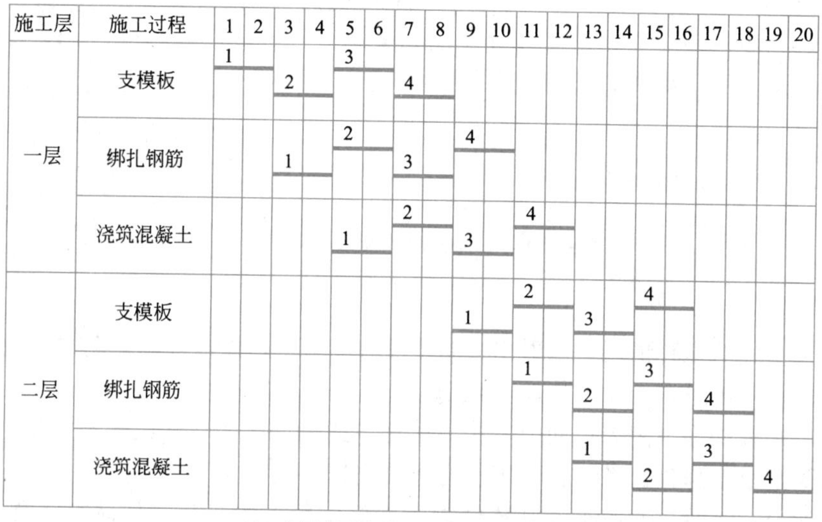

施工层	施工过程	1	2	3	4	5	6	7	8	9	10	11	12	13	14	15	16	17	18	19	20
一层	支模板	1		2		3		4													
	绑扎钢筋			1		2		3		4											
	浇筑混凝土					1		2		3		4									
二层	支模板									1		2		3		4					
	绑扎钢筋											1		2		3		4			
	浇筑混凝土													1		2		3		4	

(a) 多层房屋等节奏流水横道图（$m>n$）

施工层	施工过程	1	2	3	4	5	6	7	8	9	10	11	12	13	14	15	16
一层	支模板	1		2		3											
	绑扎钢筋			1		2		3									
	浇筑混凝土					1		2		3							
二层	支模板							1		2		3					
	绑扎钢筋									1		2		3			
	浇筑混凝土											1		2		3	

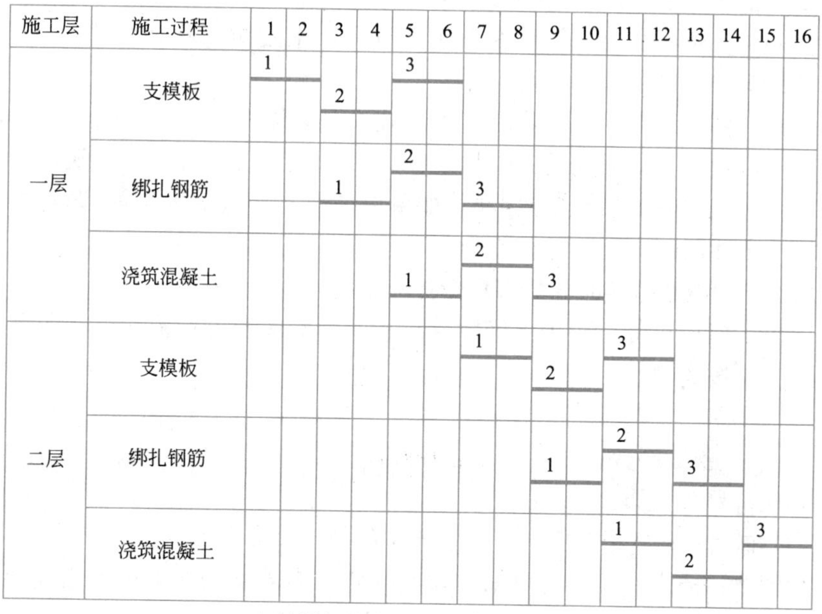

(b) 多层房屋等节奏流水横道图（$m=n$）

图 2-9（一）

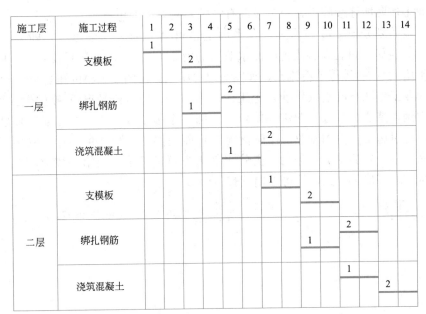

施工层	施工过程	1	2	3	4	5	6	7	8	9	10	11	12	13	14

(c) 多层房屋等节奏流水横道图($m<n$)

图 2-9（二）

从上述的三种情况可以看出：施工段数的多少，直接影响工期的长短。

当 $m>n$ 时，专业工作队连续施工，施工段出现空闲状态，可能会影响工期，但若能在空闲工作面上安排一些准备或辅助工作，如运输类施工过程，则可为后继工作创造条件，属于较合理的安排；

当 $m=n$ 时，专业工作队连续施工，施工段上始终有工作队在工作，即施工段无空闲状态，是理想情况；

而 $m<n$ 时，专业工作队在一个工程中不能连续工作而出现窝工现象，是施工组织中不可取的安排。

因此，要保证专业工作队能够连续施工，必须满足 $m \geq n$ 的条件，即每层的施工段数 m 应不小于施工过程数 n；组织固定节拍流水时，应满足 $m \geq n$。应注意：当无层间关系或无施工层（如单层建筑物、基础工程等）时，则施工段数不受上述限制。

（2）无间歇和搭接时间的多层专业流水的工期公式

由图 2-9（b）可知，对于无间歇和搭接时间的多层专业流水，其等节奏流水的总工期按式（2-11）计算。

$$T=(n-1)K+jmK=(jm+n-1)K \qquad (2-11)$$

式中　j——施工层数；

其他符号含义同前。

（3）有间歇和搭接时间多层专业流水的施工段数及工期公式

由图 2-9（a）进一步分析可知，在实际施工中若某些施工过程之间要求有间歇时间，组织固定节拍流水时，每层的施工段数应大于施工过程数。此时，每层施工段空闲数为 $m-n$，1 个空闲施工段的时间为 t，则每层的空闲时间为：$(m-n)t=(m-n)K$。

若一个楼层内各施工过程之间的技术、组织间歇时间之和为 $\sum Z_1$，施工层间技术、组织间歇时间之和为 Z_2；如果每层的 $\sum Z_1$、Z_2 均相等，且为了保证连续施工，施工段上除了 $\sum Z_1$ 和 Z_2 外无空闲，则 $(m-n)K=\sum Z_1+Z_2$。因此每层的施工段数可按式(2-12)确定。

$$m_{min}=n+\frac{\sum Z_1}{K}+\frac{Z_2}{K} \tag{2-12}$$

式中　m_{min}——每层需划分的最少施工段数；

$\quad\quad n$——施工过程数；

$\quad\sum Z_1$——一层内间歇时间之和；

$\quad\quad Z_2$——一层间间歇时间；

$\quad\quad K$——流水步距。

有时某些施工过程之间还要求有搭接时间，则应减少施工段数。

因此，有间歇和搭接的多层专业流水，拟组织等节奏流水，每层的最少施工段数应按式（2-13)计算。

$$m_{min}=n+\frac{\sum Z_1}{K}+\frac{Z_2}{K}-\frac{\sum C}{K} \tag{2-13}$$

式中　$\sum C$——一层内搭接时间之和；

其他符号含义同式(2-12)。

进一步可知，有间歇和搭接时间的多层固定节拍流水，总工期计算如式(2-14)所示。

$$T=(jm+n-1)K+\sum Z_1-\sum C \tag{2-14}$$

【例 2-9】　某二层建筑物由 4 个施工过程组成，流水节拍均为 2 天。施工过程Ⅰ与Ⅱ之间有组织间歇 2 天，施工过程Ⅲ与Ⅳ之间有技术间歇 1 天。要求第一层施工完毕停歇 1 天再进行第二层施工。试组织流水施工、计算总工期，并绘制横道图。

【解】　由题意知：

$n=4$，$j=2$ 层，$t=2$ 天，$\sum Z_1=\sum S+\sum G=1+2=3$ 天，$Z_2=1$ 天，$\sum C=0$ 天

（1）由流水节拍的特征，可确定流水步距

$$K=t=2 \text{ 天}$$

（2）确定施工段数：

$$m_{min}=n+\frac{\sum Z_1}{K}+\frac{Z_2}{K}-\frac{\sum C}{K}=4+\frac{2+1+1-0}{2}=6 \text{ 段}$$

要求 $m \geqslant m_{min}=6$，取 $m=6$ 段。

（3）确定流水总工期 T

$$T=(jm+n-1)K+\sum Z_1-\sum C=(2\times6+3+1-1)\times2+3=33 \text{ 天}$$

（4）绘制流水施工横道图

流水施工横道图如图 2-10 所示。

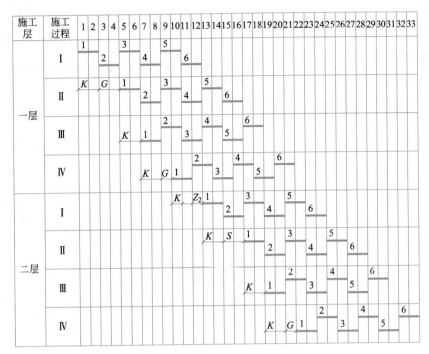

图 2-10 有间歇时间的等节奏流水施工图

2.2.3 异节奏流水

1. 异节奏流水的组织

异节奏流水是指同一施工过程在各施工段上的流水节拍相等，不同施工过程在同一施工段上的流水节拍不完全相等的流水形式。

以如下流水施工的组织问题为例，讨论异节奏流水的组织。某工程项目由 A、B、C 3 个施工过程组成，共分为 4 个施工段。$t_A = 2$ 天，$t_B = 6$ 天，$t_C = 4$ 天。试组织异节奏流水施工、计算总工期，并绘制横道图。

根据流水施工组织特点，可绘制流水施工横道图，如图 2-11 所示。由题意知，异节奏流水的工期可按式(2-15)计算。

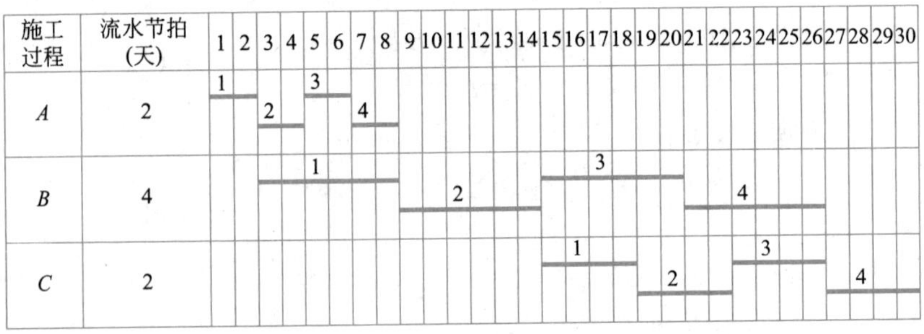

图 2-11 异节奏流水施工图

$$T = \sum K + m \cdot t_n \tag{2-15}$$

式中　$\sum K$——各施工过程之间的流水步距之和；

t_n——最后一个施工过程的流水节拍;

m——施工段数。

由流水的组织方法可知,安排流水首先要确定工作队数和流水步距2个基本参数。在图 2-11 的异节奏流水组织方式中,各施工过程均安排 1 个专业工作队,总工作队数等于施工过程数的做法,即 $b_i=1$、$\sum b_i=n$。由于各施工过程流水节拍不同,必须安排不同的步距以满足施工工艺要求。异节奏流水过程中各施工过程间的流水步距不完全相等,计算工期时,应先确定流水步距。

分析图 2-11 各施工过程的相互关系,各相邻施工过程间的流水步距按下列两种情况确定:

(1)前一施工过程的流水节拍不大于后续施工过程的流水节拍

当 $t_i \leqslant t_{i+1}$ 时,前一施工过程的施工速度比后续施工过程的施工速度慢。只需在第一施工段上 2 施工过程能保持正常的流水步距(即第 i 施工过程的流水节拍),则各施工段均可满足流水施工要求,如图 2-11 中的施工过程 A 和 B。此时,其他施工段可能会出现流水施工中允许出现的空闲。其流水步距可按式(2-16)计算。

$$K_{i,i+1}=t_i \quad (t_i \leqslant t_{i+1}) \tag{2-16}$$

如图 2-11 中施工过程 A 和 B,$t_A \leqslant t_B$,$K_{A,B}=t_A=2$ 天,此时可以得到最短工期。尽管同一施工段上施工过程在时间上衔接不紧,但施工工艺是合理的。

(2)前施工过程的流水节拍大于后续施工过程的流水节拍

当 $t_i > t_{i+1}$ 时,前一施工过程的施工速度比后续施工过程的施工速度快。若仍按上述方法确定流水步距,则在第二个施工段上就会出现两相邻施工过程在一个施工段上同时工作、后一施工段上可能出现施工顺序倒置的现象。为避免发生这种不合理情况,同时要实现全部施工过程的连续作业,应按式(2-17)计算流水步距。

$$K_{i,i+1}=t_i+(t_i-t_{i+1})(m-1) \quad (t_i > t_{i+1}) \tag{2-17}$$

因时间不能出现负值,所以式(2-17)规定:当 $t_i \leqslant t_{i+1} < 0$ 时取零,则异节奏流水的流水步距可以统一按式(2-17)计算。

如图 2-11 中施工过程 B 和 C,为满足施工工艺的要求,从第二施工段开始,后续施工过程必须推迟一段时间施工。若每一施工段上推迟时间取为 $t_B = t_C = 2$ 天,此时虽满足了施工工艺的要求,但施工过程 C 不能保持连续施工;为了施工过程连续作业,后续施工过程开始工作的时间必须继续推迟,从第 1 施工段就开始推迟各施工段开工 2 天,每一施工段上推迟施工的时间应视为流水步距 $K_{B,C}$ 的组成部分,各段推迟时间共计 $2 \times 4 = 8$ 天,再加上正常的 $K_{B,C} = 6$ 天,则 $K_{B,C} = 10$ 天,即按式(2-17)计算:$K_{B,C} = 6 + (6-4) \times (4-1) = 12$ 天。

从图 2-11 中可以看出,异节奏流水由于流水步距不同,工期应按式(2-18)计算。

$$T - \sum_{i=1}^{n-1} K_{i,\,i+1} + \sum_{j=1}^{m} t_{nj} + \sum Z_1 - \sum C \tag{2-18}$$

式中 $\sum\limits_{i=1}^{n-1} K_{i,\,i+1}$——流水步距之和；

$\sum\limits_{j=1}^{m} t_{nj}$——最后一个施工过程在各施工段上的节拍之和；

$\sum Z_1$——间歇时间之和；

$\sum C$——搭接时间之和。

（3）异节奏流水的组织特点及分析

一般异节奏流水的组织特点为：各专业施工队能连续作业；施工段有空闲；各施工过程之间的流水步距不完全相等；专业施工队数与施工过程数相等。

2. 成倍节拍流水（加快成倍节拍流水）

在进行流水设计时，不同施工过程之间的流水节拍可能不完全相等，即不具备组织等节奏流水的条件，但各施工过程的节拍仍具有一定规律。如同一施工过程的节拍全都相等，且各施工过程之间的节拍虽然不等、但同为某一常数的倍数。

以上述异节奏流水施工的组织问题为例，讨论成倍节拍流水的组织。某工程项目由 A、B、C 3 个施工过程组成，共分为 4 个施工段。$t_A=2$ 天，$t_B=6$ 天，$t_C=4$ 天。试组织成倍节拍流水施工，计算总工期，并绘制横道图。

该工程的流水施工，可组织如图 2-12 所示的成倍节拍流水施工，或称为加快成倍节拍流水。

（1）成倍节拍流水的形式

考虑上例施工组织方案可知，欲合理安排施工以缩短工程工期，可通过增加施工过程 B、C 的施工工作队的方法来达到加快施工速度的目的。

将施工过程 B 由原来的 1 个队增加到 3 个队，施工过程 C 的工作队由原来的 1 个队增加到 2 个队，施工过程 A 仍由 1 个工作队施工。由此可得图 2-12 所示的进度计划表，其工期为 18 天。

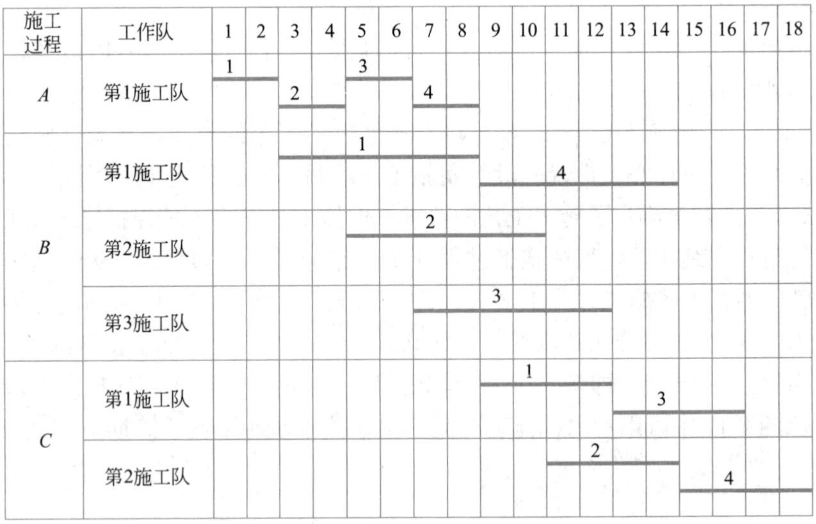

图 2-12 成倍节拍流水横道图

（2）成倍节拍流水的组织

由上述组织方法可知，对某些主要施工过程增加专业工作队，可达到既充分利用工作面又缩短工期的目的。因此，若要缩短施工工期，并保持施工的连续性和均衡性，可利用各施工过程之间流水节拍的倍数比关系，取其最大公约数来组建每个施工过程的专业施工队，构成一个工期短、保持流水施工特点、类似于等节奏流水的组织方案，即成倍节拍流水。在工程中采用加快成倍节拍流水组织施工可以缩短工期，充分利用工作面。

1）成倍节拍的单层专业流水

组织成倍流水时，流水节拍较长的施工过程，需组织多个专业班组参加流水施工，以便与其他施工过程保持步调一致。各施工过程的工作队数可按式（2-19）计算。

$$b_i = \frac{t_i}{K} \tag{2-19}$$

式中　b_i——第 i 施工过程所需的工作队队数；

　　　t_i——第 i 施工过程的流水节拍；

　　　K——流水步距，可取各施工过程流水节拍 t_i 的公约数；为缩短工期，一般取最大公约数，且在整个流水过程中为一常数。

成倍节拍流水是在资源供应满足要求的前提下，对流水节拍较长的施工过程，安排几个同种的专业工作队，以使其与其他施工过程保持同样的施工速度，最终可完成该施工过程在不同施工段上的任务。在同类型建筑中采用加快成倍节拍的组织方案，可以收到较好的经济效果；但需考虑实际施工时同一施工过程组织多个作业班组的可能性，否则会由于劳动资源不易保证而延误施工。

成倍节拍流水通过合理组建多个同类型工作队队组的做法，形成了与等节奏流水一样效果的流水施工。在成倍节拍流水中，流水节拍长的施工过程安排了 1 个以上的工作队，总工作队数 $\sum b_i > n$。

对于无间歇和搭接的单层施工，其流水工期按式（2-20）计算。

$$T = (m + \sum b_i - 1)K \tag{2-20}$$

式中　$\sum b_i$——各施工过程的工作队总数；

其他符号同前。

比较等节奏流水与成倍节拍流水的工期表达式，二者的差别仅在于：等节奏流水的公式中施工过程数 n 在加快成倍节拍流水中为工作队总数 $\sum b_i$。

可以推知，对于有间歇和搭接的单层施工，工期公式只需将式（2-8）中的 n 换为 $\sum b_i$，即

$$T = (m + \sum b_i - 1)K + \sum Z_1 - \sum C \tag{2-21}$$

【例 2-10】　14 栋同类型房屋的基础组织流水作业施工，4 个施工过程的流水节拍分别为 6 天、6 天、3 天、6 天。若各项资源可按需要供应，规定工期不得超过 60 天。试确定流水步距、工作队数并绘制流水横道图。

【解】　因工期有限制，考虑采用加快成倍节拍流水施工。

流水节拍 6 天、6 天、3 天、6 天的最大公约数是 3，因此取流水步距 $K=3$ 天。

各施工过程工作队数，$b_1 = \dfrac{t_1}{K} = \dfrac{6}{3} = 2$ 队

同理 $b_2 = 2$ 队，$b_3 = 1$ 队，$b_4 = 2$ 队，$\sum b_i = 2 + 2 + 1 + 2 = 7$ 队

总工期为

$$T = \left(m + \sum_{i=1}^{n} b_i - 1\right) K + \sum Z_1 - \sum C$$
$$= (14 + 2 + 2 + 1 + 2 - 1) \times 3 + 0 - 0$$
$$= 60 \text{ 天}$$

依次组织各工作队间隔一个流水步距 3 天，投入施工。流水横道图如图 2-13 所示。

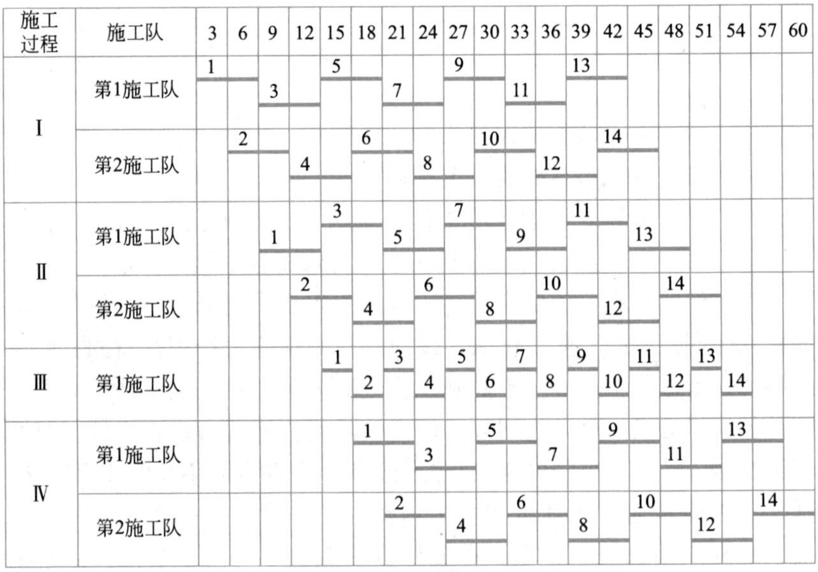

施工过程	施工队	3	6	9	12	15	18	21	24	27	30	33	36	39	42	45	48	51	54	57	60
I	第1施工队	1			5			7		9			11		13						
	第2施工队		2		4		6		8		10		12		14						
II	第1施工队			1	3			5	7			9	11		13						
	第2施工队				2	4		6		8		10		12	14						
III	第1施工队				1	3	2	5	4	7	6	9	8	11	10	13	12	14			
IV	第1施工队					1		3		5		7		9		11		13			
	第2施工队						2		4		6		8		10		12		14		

图 2-13　14 幢同类型房屋基础工程成倍节拍流水横道图

2）成倍节拍的多层专业流水

同理，多层施工如组织加快成倍节拍流水，要保证专业工作队能够连续施工，必须满足 $m \geqslant \sum b_i$ 的条件，即每层的施工段数 m 应不小于专业工作队数 $\sum b_i$；每层的最少施工段数应按式（2-22）计算。

$$m_{min} = \sum b_i + \frac{\sum Z_1}{K} + \frac{Z_2}{K} - \frac{\sum C}{K} \tag{2-22}$$

式中　$\sum b_i$——各施工过程的工作队总数；

其他符号同前。

对于有间歇和搭接的多层施工，工期计算公式只需将式（2-14）中的 n 换为 $\sum b_i$，按式（2-23）计算。

$$T = (jm + \sum b_i - 1)K + \sum Z_1 - \sum C \tag{2-23}$$

等节奏流水施工中由于各施工过程均采用 1 个工作队，因此施工过程数等于工作队数；若将 n 视为总工作队数，即 $n = \sum b_i$，则等节奏流水与成倍节

拍流水的有关计算公式可以统一为式（2-8）～式（2-14），只需将加快成倍节拍流水中的 n 用 $\sum b_i$ 置换即可。

【例 2-11】 某三层现浇筑钢筋混凝土工程，支模板、绑扎钢筋、浇筑混凝土的流水节拍分别为 4 天、2 天、2 天，绑扎钢筋与支模板可搭接 1 天，层间技术间歇为 1 天。若资源可按需供应，试组织流水施工。

【解】 由题意，$j=3$，$n=3$，$t_{支}=4$ 天，$t_{扎}=2$ 天，$t_{混凝土}=2$ 天，$\sum Z_i=0$ 天；$\sum C=1$ 天；$Z_2=1$ 天。

根据流水节拍的特征，考虑采用成倍节拍流水。流水步距取各流水节拍的最大公约数，即 $K=2$ 天。

工作队队数为 b_1（支模板）$=\dfrac{t_{支}}{K}=\dfrac{4}{2}=2$ 队。

同理，b_2（绑扎钢筋）$=1$ 队，b_3（浇筑混凝土）$=1$ 队，$\sum b_i=4$ 队。

施工段数：$m=4+\dfrac{0}{2}+\dfrac{1}{2}-\dfrac{1}{2}=4$ 段。

总工期为：$T=(3\times4+4-1)\times2+0-1=29$ 天。流水横道图如图 2-14 所示。

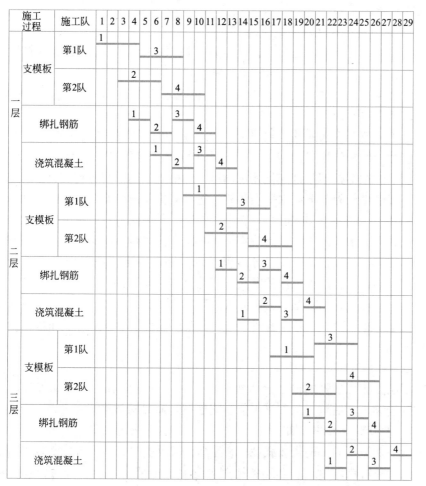

图 2-14　三层现浇钢筋混凝土框架主体结构成倍节拍流水横道图

（3）成倍节拍流水的组织特点及分析

成倍节拍流水的组织特点为：同一专业工作队连续逐段转移，无窝工；不同专业工作队按工艺关系对施工段连续施工，无工作面空闲；各施工过程之间的流水步距相等，等于各流水节拍的最大公约数；流水节拍长的施工过程要组建成倍的同类型工作队，专业施工队数大于施工过程数。

理论上只要各施工过程的流水节拍具有倍数关系，均可采用成倍节拍流水组织方法。但如果其倍数差异较大，往往难以配备足够的施工队组，或者难以满足各个队组的工作面及资源要求，使得这种组织方法失去了实际应用的可能。

2.2.4 无节奏流水

上述各种流水方式，都是比较理想情况下的安排。实际工作中，通常每个施工过程在各个施工段上的工程量彼此不相等，或各个专业工作队的生产效率不同，从而导致大多数施工过程的流水节拍彼此不相等或没有倍数关系。在此情况下，只能按照施工顺序，合理确定相邻专业工作队之间的流水步距，使其在开工时间上争取最大搭接，组织成每个专业施工队都能够连续作业的无节奏流水施工。

1. 无节奏流水及其组织原则

所谓无节奏流水，是在工艺上互相有联系的分项工程，先组织成若干个独立的分项工程流水，然后再按施工顺序联系起来的组织方法。

无节奏流水，又称为分别流水，是指流水节拍既不相等，也不成比例，其流水步距也不相等。

组织无节奏流水的基本要求是保证各施工过程衔接的合理性；各工作队尽量连续工作和各施工段尽量不间歇或少间歇。当各施工过程在各个施工段上的流水节拍不相等，且变化无规律时，应根据上述原则进行安排。

一般来讲，无节奏流水采用各施工过程安排1个专业工作队的做法。

2. 无节奏流水的步距

无节奏流水组织的关键是确定流水步距。流水步距的确定有很多方法。

单层多施工过程的分别流水，其流水步距的确定一般采用潘特考夫斯基法，即累加错位相减求大数的方法，其计算步骤如下：

（1）求同一施工过程专业施工队在各施工段上的流水节拍的累加数列；

（2）按施工顺序，将所求相邻的两个施工过程流水节拍的累加数列，向右错位相减；

（3）在错位相减结果中数值最大者，即为相邻专业施工队组之间的流水步距。

多层多施工过程的分别流水组织施工时，首先找出主导施工过程，保证其时间连续，其他施工过程尽可能空间连续，而时间不连续。

3. 无节奏流水的工期

无节奏流水的工期仍按式(2-23)计算。需要说明的是，式(2-23)适用于流水施工的各种组织形式，上述各项有节奏流水中都是在这个普遍公式的基础上进一步提炼得到的。

4. 无节奏流水的组织特点及分析

无节奏流水的组织特点是：各专业工作队都能连续施工，个别施工段可能有空闲；专业工作队数等于施工过程数；流水步距通常不相等。

无节奏流水方式在实际中是最常见、应用最普遍、最基本的组织方法，它不仅在流水节拍不规则的条件下使用；对于在固定节拍流水、成倍节拍流水的有规律条件下，当施工段数、施工队组数，以及工作面或资源状况不能满足相应要求时，也需要按分别流水法组织施工；而有节奏流水则是无节奏流水的特殊形式。

【例 2-12】 某分部工程有Ⅰ、Ⅱ、Ⅲ、Ⅳ、Ⅴ 5 个施工过程，分为 4 个施工段，每个施工过程在各个施工段上的流水节拍如表 2-3 所示。施工过程Ⅱ完成后，其相应施工段至少养护 2 天；施工过程Ⅳ完成后，要留 1 天的施工准备时间；为尽早完工，允许施工过程Ⅰ、Ⅱ之间搭接施工 1 天。试组织流水施工。

【解】 根据题设条件，该工程只能组织无节奏流水。

各施工过程流水节拍表　　　　　　　　表 2-3

施工过程 流水节拍（天） 施工段	Ⅰ	Ⅱ	Ⅲ	Ⅳ	Ⅴ
①	3	1	2	4	3
②	2	3	1	2	4
③	2	5	3	3	2
④	4	3	5	3	1

求流水节拍的累加数列：
Ⅰ：3，5，7，11
Ⅱ：1，4，9，12
Ⅲ：2，3，6，11
Ⅳ：4，6，9，12
Ⅴ：3，7，9，10

确定流水步距：$K_{Ⅰ,Ⅱ}$

$$\begin{array}{r} 3, \quad 5, \quad 7, \quad 11 \\ -)\quad 1, \quad 4, \quad 9, \quad 12 \\ \hline 3, \quad 4, \quad 3, \quad 2, \quad -12 \end{array}$$

$$K_{Ⅰ,Ⅱ}=\max\{3，4，3，2，-12\}=4 \text{ 天}$$

同理，　　$K_{Ⅱ,Ⅲ}=6$ 天；　$K_{Ⅲ,Ⅳ}=2$ 天；　$K_{Ⅳ,Ⅴ}=4$ 天

$$T=\sum_{i=1}^{n-1}K_{i,\,i+1}+\sum_{j=1}^{m}t_{nj}+\Sigma Z_1-\Sigma C$$
$$=(4+6+2+4)+(3+4+2+1)+2+1-1$$
$$=28 \text{ 天}$$

根据例题中的 $Z_{Ⅱ,Ⅲ}=2$ 天，$Z_{Ⅳ,Ⅴ}=1$ 天，$C_{Ⅰ,Ⅱ}=1$ 天，以及上述各施工过程间的流水步距，按照流水施工组织原理绘制横道图，如图 2-15 所示。

【例 2-13】 某 3 层砖混结构建筑物，其主体工程包括 4 个施工过程：A（砌砖墙）→B（钢筋混凝土构造柱及圈梁）→C（安装预制楼板及楼梯）→D（楼板灌缝）。若该建筑物分成 4 个相等的施工段，各施工过程的流水节拍分别为 4 天、3 天、2 天、1 天。施工过程 B、C 之间技术间歇 1 天。试指出

37

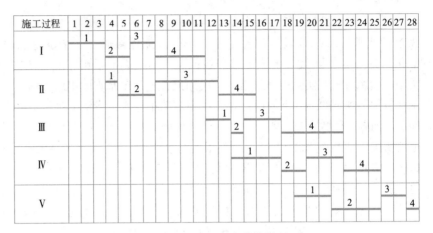

图 2-15　无节奏流水横道图

该主体工程的主导施工过程，并安排该主体工程的流水施工进度计划表。

【解】　由题意知，该主体工程的主导施工过程为 A（砌砖墙），保证 A 时间连续，即工作队连续施工。该工程只能安排为无节奏流水，流水施工进度如图 2-16 所示。

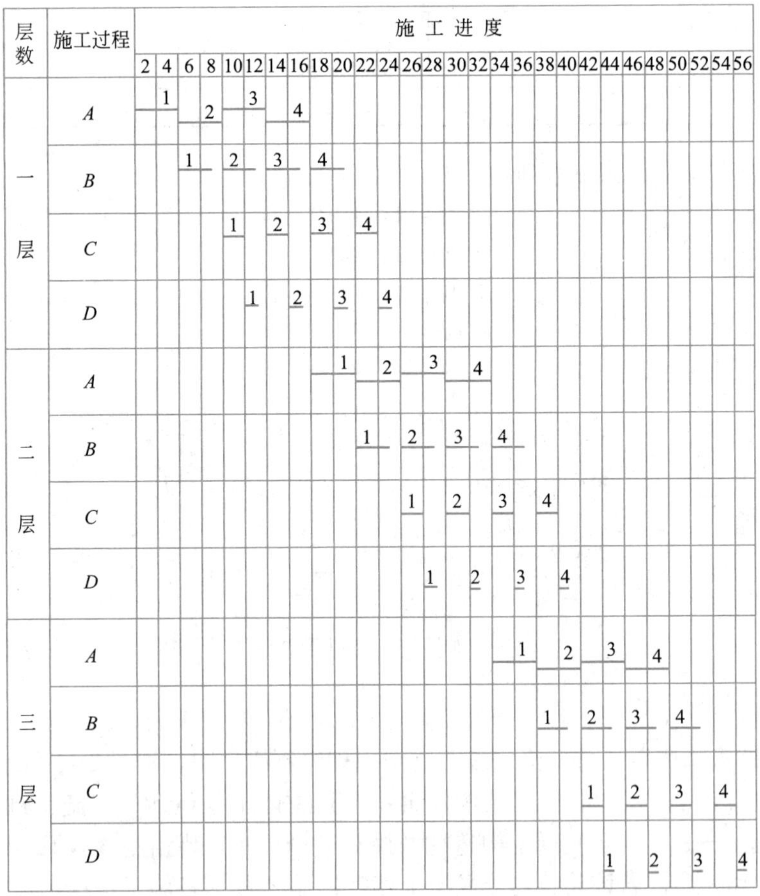

层数	施工过程	施工进度
一层	A	1 2 3 4
	B	1 2 3 4
	C	1 2 4
	D	1 2 3 4
二层	A	1 2 3 4
	B	1 2 3 4
	C	1 2 3 4
	D	1 2 3 4
三层	A	1 2 3 4
	B	1 2 3 4
	C	1 2 3 4
	D	1 2 3 4

图 2-16　多层多施工无节奏流水施工指示图

工期＝4×4×3＋3＋1＋2＋1＝55 天

从流水施工进度图中也可以看出主体工程施工工期为 55 天。

小结及学习指导

1. 流水施工是将拟建工程项目的全部建造过程，根据工程特点和结构特征，划分为若干个施工过程；同时将拟建工程在平面上划分为若干个施工段；在竖向上划分为若干个施工层；按照施工过程分别建立相应的专业工作队；各专业队按照一定的施工顺序进行施工，依次在各施工区段上重复完成相同的工作内容，使施工连续、均衡、有节奏地进行。

2. 流水施工能提高劳动生产率，缩短工期，节约施工费用。深刻理解流水施工的原理，明确流水施工的应用条件，是学好流水施工的基础。

3. 根据流水施工条件，明确并准确计算流水施工的工艺参数、空间参数、时间参数是本章的重点，是组织流水施工的关键。

4. 在应用流水施工原理求解实际工程的施工组织问题时，应根据工程特点选用等节奏流水、异节奏流水或无节奏流水方式。在求解异节奏流水时，应分析是否选择成倍节拍流水方式。

思考题

2-1 何谓依次施工？其施工组织方式有何特点？

2-2 何谓平行施工？其施工组织方式有何特点？

2-3 何谓流水施工？其施工组织方式有何特点？

2-4 何谓工艺参数？何谓流水强度？

2-5 何谓空间参数？它包括哪些参数？

2-6 何谓时间参数？它包括哪些参数？

2-7 何谓流水节拍？何谓流水步距？

2-8 何谓间歇时间？何谓搭接时间？何谓流水工期？

2-9 简述流水施工的两种表达方式。

2-10 何谓分项工程流水？何谓分部工程流水？何谓单位工程流水？何谓群体工程流水？

2-11 何谓等节奏流水？简述单层房屋等节奏流水的施工特点和效果。

2-12 何谓异节奏流水？简述异节奏流水的组织特点。

2-13 何谓成倍节拍流水？简述成倍节拍流水的组织特点。

2-14 何谓无节奏流水？简述无节奏流水的组织特点。

码 2-1 第 2 章
思考题参考答案

习题

2-1 14 栋同类型房屋的基础组织流水作业施工，4 个施工过程的流水节拍分别为 6 天、6 天、3 天、6 天。规定工期不得超过 60 天。试确定流水步距、工作队数并绘制流水指示图表。

2-2 试组织某 3 层房屋由 I、II、III、IV 4 个施工过程组成的分部工程流水作业。流水节拍分别为 4 天、2 天、2 天、4 天。I、II 和 III、IV 施工过程之间的技术间歇各为 1 天,层间技术间歇为 2 天。①确定流水步距、工作队数、施工段数;②绘制流水指示图表;③计算所需工期。

2-3 某 2 层现浇钢筋混凝土框架的施工组织流水作业。各施工过程的流水节拍分别为:安装模板 4 天、绑扎钢筋 2 天、浇筑混凝土 2 天、养护 2 天,养护属于混凝土工程中的技术间歇。试组织流水施工,计算总工期并绘制横道图。

2-4 试绘制 3 层现浇钢筋混凝土楼盖工程的流水施工进度表。已知:①框架平面尺寸为 17.4m×144m。沿长度方向每隔 48m 留伸缩缝一道;②$t_{支模}$=4 天;$t_{扎筋}$=2 天;$t_{浇混凝土}$=2 天;③层间技术间歇(即混凝上浇筑后在其上支模的间歇要求)为 2 天。试组织流水施工,计算总工期并绘制横道图。

2-5 某项目由 4 个施工过程组成,分别由 4 个专业工作队完成,在平面上划分为 5 个施工段,每个专业工作队在各施工段上的流水节拍如表 2-4 所示,试组织流水施工,绘制流水施工进度表。

习题 2-5 表 2-4

流水节拍 / 施工段 / 施工过程	①	②	③	④	⑤
I	2	3	1	4	7
II	3	4	2	4	6
III	1	2	1	2	3
IV	3	4	3	4	3

码 2-2 第 2 章
习题参考答案

第3章
网络计划技术

本章知识点

【知识点】

网络图的基本概念，网络图的绘制和计算，网络计划的调整和控制，网络计划的优化。

【重点】

掌握双代号、单代号、单代号搭接网络图的绘制和计算方法；会绘制时标坐标网络图。

【难点】

双代号、单代号、单代号搭接网络图的绘制，双代号和单代号网络计划时间参数的含义及其计算，网络图转化为横道图。

网络计划技术也称为网络计划方法，在我国也称为统筹方法。它是 20 世纪 50 年代末，为了适应生产发展和科学研究工作的需要而开发出的一种新的计划管理技术。这种网络计划是应用网络图的形式来表达一项计划中各项工作之间的相互关系和进度，通过计算时间参数，找出计划中的关键工作和关键线路，通过不断调整网络计划，寻求最优方案；在计划执行过程中对计划进行有效控制与监督，保证合理地使用资源，取得可能达到的最好效果。因此它是一种有效的科学管理方法。

3.1 网络图的基本概念

3.1.1 网络图的概念及其分类

网络图是由箭线和节点组成，用来表示工作流程的有向、有序网状的图形。一个网络图表示一项计划任务。网络图有很多分类方法，按表达方式的不同划分为双代号网络图和单代号网络图；按网络计划终点节点个数的不同划分为单目标网络图和多目标网络图；按参数类型的不同划分为肯定型网络图和非肯定型网络图；按工作之间衔接关系的不同划分为一般网络图和搭接网络图等。

3.1.2 网络图的特点

网络图把施工过程中的各有关工作组成了一个有机的整体，能全面而明确地表达各项工作开展的先后顺序及相互之间的关系；通过网络图的计算，能确定各项工作的开始时间和结束时间，并能找出关键工作和关键线路，便于计划管理者集中力量抓主要矛盾、确保工期，避免盲目施工；能够从许多可行方案中寻求最优方案；在计划的实施过程中进行有效的控制和调整，保证以最小的资源消耗取得最大的经济效果和最理想的工期。

3.2 双代号网络图

3.2.1 双代号网络图的组成

双代号网络图又称箭线网络图。它是指以箭线表示工作，以节点表示工作之间的连接点，并以箭线两端的节点编号代表一项工作，由一系列箭线和节点组成线路，许多这样的线路就构成了有向网络图。工作（工序或施工过程）、节点、线路是双代号网络图组成的三个基本要素，如图3-1所示。

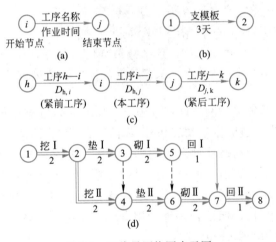

图3-1 双代号网络图表示图

（1）工作

工作就是计划任务按需要粗细程度划分而成的一个消耗时间或同时消耗资源的子项目或子任务。它是网络图的组成要素之一，用一根箭线和两个圆圈来表示。工作的名称标注在箭线的上面，工作持续时间标注在箭线的下面，箭线的箭尾节点表示工作的开始，箭头节点表示工作的结束。箭线可以用直线、曲线、折线表示，其长短与工作的延续时间无关。

（2）节点

在网络图中箭线的出发和交汇处画上圆圈，用以表示该圆圈前面一项或若干项工作的结束和允许后面一项或若干项工作的开始的时间点称为节点。

在网络图中，节点不同于工作，它只标志着工作的结束和开始的瞬间，具有承上启下的衔接作用，而不需要消耗时间或资源。

箭线出发的节点称为开始节点，箭线进入的节点称为结束节点。

（3）线路

网络图中从起点节点开始，沿箭线方向连续通过一系列箭线与节点，最后到达终点节点的通路称为线路。每一条线路都有自己确定的完成时间，它等于该线路上各项工作持续时间的总和，也是完成这条线路上所有工作的总时间。持续时间之和最长的线路，称为关键线路。位于关键线路上的工作称为关键工作。关键工作没有机动时间，关键工作完成的快慢直接影响整个计划工期的实现，关键线路一般用粗箭线、双箭线或彩色箭线连接。关键线路在网络图中不止一条，可能同时存在几条，即这几条线路上的持续时间相同。短于关键线路持续时间的线路称为非关键线路。位于非关键线路上的工作称为非关键工作，它有机动时间。

关键线路、非关键线路并不是一成不变的，在一定条件下，关键线路和非关键线路可以互相转化。

如图 3-1(d)所示为某一建筑物砖基础施工的双代号网络计划图。该基础施工划分为两个施工段，每个施工段包括挖基槽、做垫层、砌基础、回填土 4 项工序。图中工序表示如下：第 1 施工段挖Ⅰ(1-2)，垫Ⅰ(2-3)，砌Ⅰ(3-5)，回Ⅰ(5-7)。第Ⅱ施工段对应的工序分别为：挖Ⅱ(2-4)，垫Ⅱ(4-6)，砌Ⅱ(6-7)，回Ⅱ(7-8)。箭线下数字为工序作业时间。图中每条实箭线表示实际工序，每项实际工序都要消耗一定的时间和资源。(3-4)、(5-6)两个虚箭线表示虚工序，虚工序是为了在网络图中表示相邻前后两项工序之间的逻辑关系而添加的工序，它不消耗时间和资源，作业时间为零。例如，虚工序(3-4)表示垫Ⅰ完成后，垫Ⅱ才能开始，即垫Ⅰ是垫Ⅱ的紧前工序。有时虚工序也用作业时间为零的实箭线表示。

3.2.2 双代号网络图的绘制

双代号网络图的绘制方法，视各人的经验而不同，但从根本上说，都要在既定施工方案的基础上，根据具体的施工客观条件，以统筹安排为原则。一般的绘图步骤如下：

（1）任务分解，划分施工工作。

（2）确定完成工作计划的全部工作及其逻辑关系。

（3）确定每一工作的持续时间，制定工程分析表。

（4）根据工程分析表，绘制并修改网络图。

为了正确地绘制网络图，需要先搞清楚工程项目计划中工作之间的逻辑关系有哪些，如何正确地表达各种逻辑关系，以及绘制双代号网络图应遵守的规则等，然后再通过实例掌握网络图的绘制方法。

1. 双代号网络图绘制的基本原则

（1）对工程项目的工作进行系统分析，确定各工作之间的逻辑关系，绘制工作逻辑关系表。

逻辑关系是指工作进行时各工作间客观上存在的一种相互制约或依赖的

关系，也就是先后顺序关系，包括工艺逻辑关系与组织逻辑关系两种。

1）工艺逻辑关系。生产性工作之间由工艺过程决定的、非生产性工作之间由工作程序决定的先后顺序关系称为工艺逻辑关系。

2）组织逻辑关系。工作之间由组织安排需要或资源(劳动力、原材料、施工机具等)调配需要而规定的先后顺序关系称为组织逻辑关系。

（2）在一个网络图中，只允许有一个起始节点(没有一个箭线的箭头指向该节点)；在不分期完成任务的网络图中，应只有一个终止节点(只有一个箭线指向该节点)；而其他所有节点均应是中间节点(既有箭头指向该节点，又有由它引出的箭头指向其他节点)。如图3-2(a)所示出现了两个起始节点1、2，四个终点节点11、13、14、15，这种情况在双代号网络图中是不允许的，必须加以改正。图3-2(b)为改正后的正确网络图。

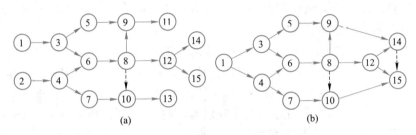

图 3-2　起始节点与终点节点表示法

（3）网络图中不允许出现循环回路(或闭合回路)。如图3-3(a)所示工作 H、I、R 形成了循环回路；即 R 的紧前工作为 I，I 的紧前工作为 H，H 的紧前工作为 R，形成循环关系。这种情形无法确定其先后顺序，在工艺顺序上是相互矛盾的，在时间安排上也是无法实施的。

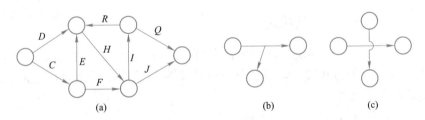

图 3-3　循环回路与箭线交叉示例
(a)有循环回路；(b)有无节点的箭线；(c)暗桥

（4）在网络图中不允许出现重复编号的箭线。即两个节点之间只允许有一个工作箭线，如有两个以上时应增加虚工作。如图3-4(a)工作 B、E 有相同的代号2-3是不允许的，图3-4(b)为加虚工作后的正确网络图。

（5）在网络图中不允许出现没有箭头或箭尾节点的工作。

（6）在网络图中不允许出现带有双箭头或无箭头的工作，如图 3-3(b)所示。

（7）绘制网络图时应尽量避免箭线交叉，当交叉不可避免时，可采用搭桥法或指向法，如图3-3(c)所示。

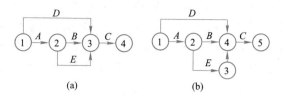

图 3-4 两个节点间有多个工作时的表示方法
(a)错误的; (b)正确的

(8) 网络图节点编号规则:从起始节点开始编号;每个工作开始节点编号应小于结束节点编号;在一个网络图中,不允许出现重复编号,可采用不连续编号的方法。

2. 双代号网络图各种逻辑关系的正确表示方法

网络图中工作之间的逻辑关系,可以归纳为 5 种基本形式。5 种基本形式的描述及其在双代号网络图中的表达方法见表3-1。

工作基本逻辑关系的描述及其表达方法　　　　　　　表 3-1

序号	描述	表达方法	逻辑关系	
			工作名称	紧前工作
1	A 工作完成后,B 工作才能开始	○—A→○—B→○	B	A
2	A 工作完成后,B、C 工作才能开始	○—A→○⟨B C→○	B C	A A
3	A、B 工作完成后,C 工作才能开始	A、B→○—C→○	C	A、B
4	A、B 工作完成后,C、D 工作才能开始	A、B→○⟨C、D→	C D	A、B A、B
5	A、B 工作完成后,C 工作才能开始,且 B 工作完成后,D 工作才能开始	○—A→○—C→○ ⋮ ○—B→○—D→○	C D	A、B B

表 3-1 中,前 4 种基本形式的共同特点是:一个或者两个工作,若只有一个共同的紧前工作时,则以这个工作的结束节点作为它们的开始节点;若具有两个共同的紧前工作时,则必须将这两个紧前工作的结束节点合为一个共同的结束节点,再以此点作为它们的开始节点。第 5 种形式则必须增加一个虚工作,虚工作连接工作 A、B 的结束节点,且其箭头指向工作 A 的结束节点。由于虚工作作业时间为零,即在工作 A 的结束节点处,工作 A、B 都完成,也就是说,以此节点为开始节点的工作 C 有两个紧前工作 A 和 B。以工作 B 的结束节点作为开始节点的工作 D,则仅有一个紧前工作 B。

45

在绘制网络图时，不论工作有多少，其逻辑关系都是由这 5 种基本形式组合而成的。另外，对于较复杂的逻辑关系，必须注意正确使用虚工作：只有在两个工作有共同的紧后工作，且其中一个工作又有属于它自己的紧后工作时，才需要增加虚工作。若网络图中出现了不属于这种关系的虚工作，这个虚工作显然是多余的，应该从网络图中去掉。

表 3-2 列举了 4 个例子，说明虚工作的用法。表中序号 1、序号 2 的虚工作是必须增加的；序号 3、序号 4 中的图(a)有多余的虚工作，图(b)为去掉多余虚工作之后的正确逻辑关系图。

虚工作用法示例　　　　　　　　　表 3-2

序号	工作名称	紧前工作	表达方法	说明
1	K L M	A A、B B	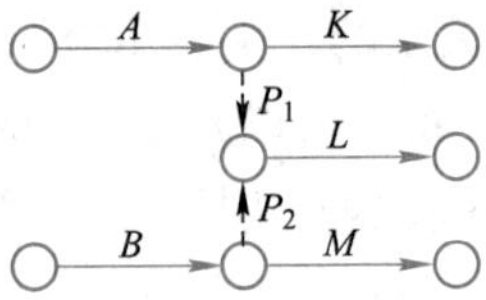	A、B 有共同的紧后工作，A、B 又分别有各自的紧后工作，必须增加两道虚工作形成共同的结束节点
2	K L M	A A、B B、C	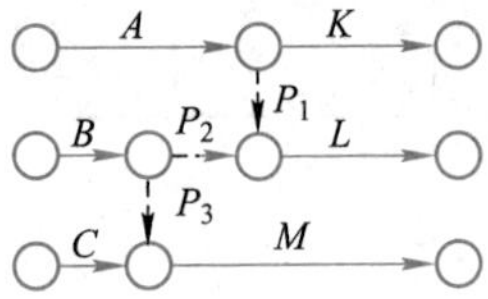	B 与 A 有共同的紧后工作，B 又与 C 有共同的紧后工作，必须从 B 引出两个虚工作，分别与 A 和 C 工作的结束节点连接；而 A 又有自己单独的紧后工作，再加一个虚工作将 A 的结束节点与 A、B 共同的结束节点分开
3	B C D	M、N、O O O、S	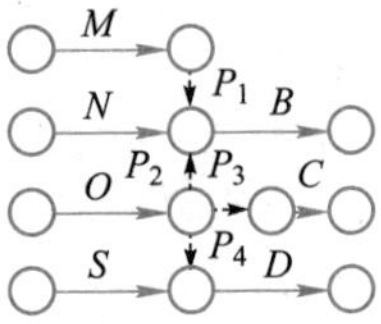 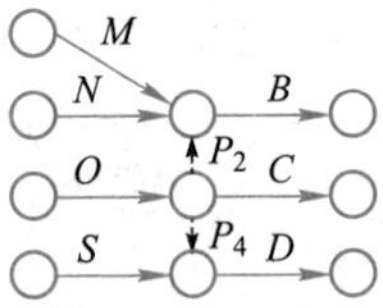	图(a)中有多余的虚工作 P_1、P_3，图(b)为去掉图(a)中多余虚工作后正确的逻辑关系图
4	A B C D	M、N N、O N、O S、O	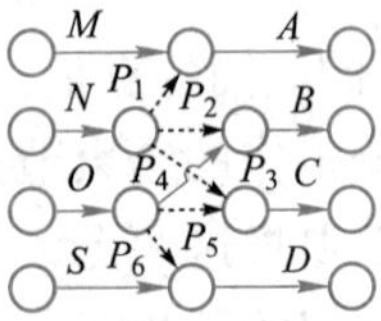 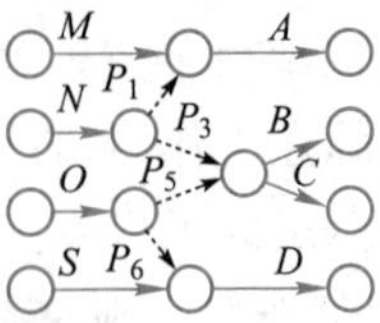	图(a)中有多余的虚工作 P_2、P_4 或 P_3、P_5，图(b)为去掉图(a)中多余虚工作后正确的逻辑关系图

【例 3-1】 某大型钢筋混凝土基础工程，分三段施工，包括支模板、绑扎钢筋、浇筑混凝土三道工序，每道工序安排一个施工队进行施工，且各工作在一个施工段上的作业时间分别为：3 天、2 天、1 天，试绘制双代号网络图。

【解】 (1) 分析各工序之间的逻辑关系，绘制工作逻辑关系表。如题所示，三道工序的工艺逻辑关系为：

支模板(支模)——→绑扎钢筋(扎筋)——→浇筑混凝土(浇混凝土)

组织逻辑关系为：

每道工作的施工队从第Ⅰ段——→第Ⅱ段——→第Ⅲ段

归纳两类逻辑关系，即可得出该工程的工序逻辑关系表，见表 3-3。

工序逻辑关系表   表 3-3

序号	工序名称	紧前工序	说明
1	支模Ⅰ	—	开始工序
2	扎筋Ⅰ	支模Ⅰ	工艺逻辑关系
3	浇混凝土Ⅰ	扎筋Ⅰ	工艺逻辑关系
4	支模Ⅱ	支模Ⅰ	组织逻辑关系
5	扎筋Ⅱ	支模Ⅱ	工艺逻辑关系
		扎筋Ⅰ	组织逻辑关系
6	浇混凝土Ⅱ	扎筋Ⅱ	工艺逻辑关系
		浇混凝土Ⅰ	组织逻辑关系
7	支模Ⅲ	支模Ⅱ	组织逻辑关系
8	扎筋Ⅲ	支模Ⅲ	工艺逻辑关系
		扎筋Ⅱ	组织逻辑关系
9	浇混凝土Ⅲ	扎筋Ⅲ	工艺逻辑关系
		浇混凝土Ⅱ	组织逻辑关系

(2) 根据工序逻辑关系表绘制组合逻辑关系图。首先从表 3-3 中找出没有紧前工序的工序(起始工序)支模板Ⅰ，并画在图上，见图 3-5(a)；其次，从表 3-3 中依次找出以已画在图上的工序为唯一紧前工序的工序，并以其结束节点为开始节点，将扎筋Ⅰ、支模Ⅱ、浇混凝土Ⅰ、支模Ⅲ一一绘在图上，见图 3-5(b)；然后再依次将有两个紧前工序，且这两个工作都已画在图上，添加虚工序连接两工序的结束节点，再以虚箭线指向的结束节点作为开始节点，绘制该工序。如图 3-5(c)依次加虚工序后，将扎筋Ⅱ、浇混凝土Ⅱ、扎筋Ⅲ与浇混凝土Ⅲ表示在图上，即得组合逻辑关系图。

(3) 检查组合逻辑关系图中各工序逻辑关系表达是否正确，若有错误，用增加虚工序的方法进行修正完善。

按照网络图绘图规则与工序逻辑关系表 3-3，逐项检查如下：

支模Ⅰ没有紧前工序，在图上为起始工序，绘图正确。

扎筋Ⅰ的紧前工序是支模Ⅰ，在图上支模Ⅰ的结束节点也是扎筋Ⅰ的开始节点，绘图正确。

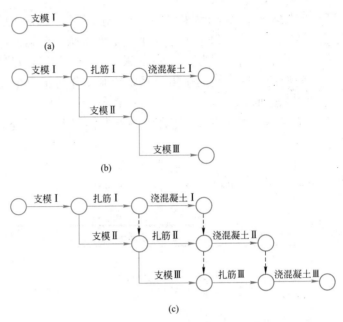

图 3-5　组合逻辑关系绘制过程图

(a)起始工序；(b)只有一个紧前工序的工序；(c)组合逻辑关系图

同前，浇混凝土Ⅰ、支模Ⅱ，绘图正确。

扎筋Ⅱ有两个紧前工序：支模Ⅱ与扎筋Ⅰ，在图上扎筋Ⅱ的开始节点为连接支模Ⅱ与扎筋Ⅰ结束节点虚工序的箭头指向节点，该节点表示支模Ⅱ与扎筋Ⅰ都已完成，绘图正确。

同前，浇混凝土Ⅰ绘图正确。

支模Ⅲ的紧前工序是支模Ⅱ，在图上其开始节点有一个虚箭线的箭头指向它，即支模Ⅲ有两个紧前工序：扎筋Ⅰ与支模Ⅱ，不符合逻辑关系的表示规则，需要加以修正。为此，先标记出错误工作，在其箭线上画×，见图 3-6(a)(图 3-6(a)为图 3-5(c)中支模Ⅱ与其紧前工序的关系图)，再用加虚工序的方法进行修正，修正后的支模Ⅲ如图 3-6(b)所示。由于支模Ⅱ与扎筋Ⅰ有共同的紧后工序扎筋Ⅱ，且支模Ⅱ又有自己的紧后工序支模Ⅲ，所以必须从支模Ⅱ的结束节点 A 引出虚工序 A-B，在 A 节点支模Ⅱ完成，用它作为支模Ⅲ的开始节点；在 B 节点扎筋Ⅰ与支模Ⅱ都完成，只作为扎筋Ⅱ的开始节点。

同前，图示扎筋Ⅲ有三个紧前工序：浇混凝土Ⅰ、扎筋Ⅱ、支模Ⅲ，与表 3-3 不符，见图 3-6(c)，需要进行修正。修正后扎筋Ⅲ的逻辑关系图见图 3-6(d)。

同前，浇混凝土Ⅲ，绘图正确。

检查修正完毕。修正后的双代号网络图如图 3-7(a)所示。

(4) 去掉多余的虚工序，进行节点编号，并标注工序作业时间。图 3-7(a)中共有 6 个虚工序，其中浇混凝土Ⅰ只与扎筋Ⅱ有共同的紧后工序浇混凝土Ⅱ，E_5 为多余的虚工序；同理，E_6 也是多余的虚工序；E_1、E_2、E_3、E_4 为必须增加的虚工序。去掉多余的虚工序后的网络图如图 3-7(b)所示。再从起始节点开始，对各节点进行编号，并标注工序作业时间，即得最终网络图。

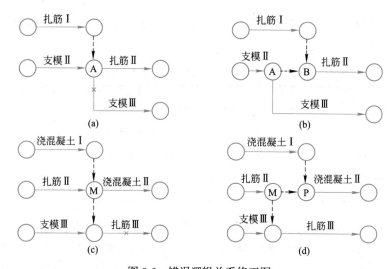

图 3-6　错误逻辑关系修正图

(a)支模Ⅲ工序关系图；(b)支模Ⅲ修正图；(c)扎筋Ⅲ工序关系图；(d)扎筋Ⅲ修正图

网络图也可以绘制成不同的形式。如图 3-7(b)所示是以施工段为主线排列的混凝土基础工程网络图；如图 3-7(c)所示是以工序为主线排列的混凝土基础工程网络图。

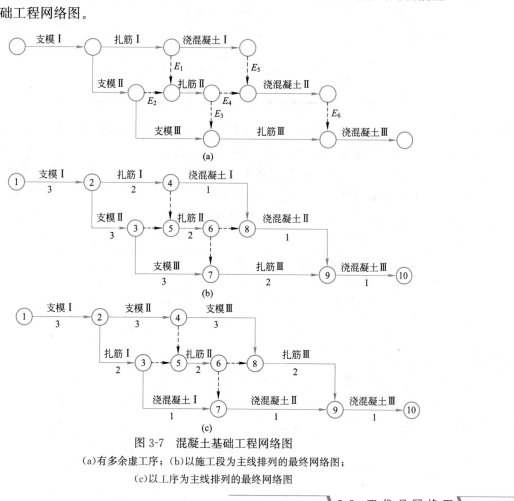

图 3-7　混凝土基础工程网络图

(a)有多余虚工序；(b)以施工段为主线排列的最终网络图；

(c)以工序为主线排列的最终网络图

【例3-2】 已知工作逻辑关系、作业时间如表3-4所示，试绘制双代号网络图。

工作逻辑关系表 表3-4

序号	工作名称	紧前工作	作业时间（天）
1	A	—	5
2	B	—	10
3	C	A	4
4	D	A	7
5	E	A	6
6	F	D、E	5
7	G	E	3
8	H	D、C、B	8
9	I	E	2
10	J	E	12
11	K	F、H、G	4
12	L	K、I	6
13	M	K、I	8
14	N	L、M、J	3
15	O	M、J	9

解题思路：根据表3-4所列逻辑关系绘制双代号网络图，无法正确表示时，加虚工作断开，最后再去掉多余的虚工作。

【解】 （1）按绘图步骤绘制网络图，绘制过程如图3-8所示。

（2）检查与修正过程如图3-9所示。

（3）去掉多余工作，完成最终网络图，如图3-10所示。

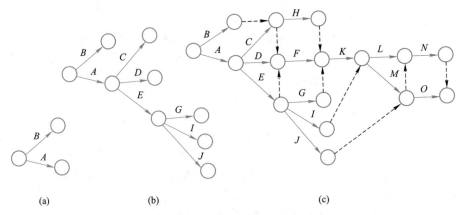

图3-8 组合逻辑关系图绘制过程

(a) 起始工作；(b) 只有一个紧前工作的工作；(c) 组合逻辑关系图

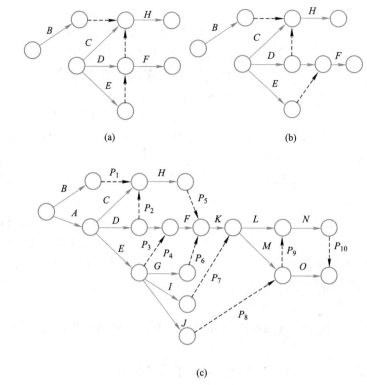

(a)　　　　　　　　　　　　　(b)

(c)

图 3-9　逻辑关系修正图

（a）H 工作逻辑关系图；（b）H 工作修正图；（c）修正后网络图

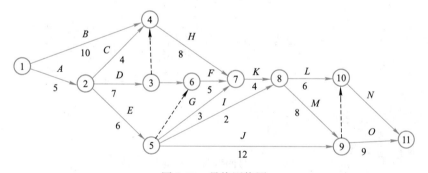

图 3-10　最终网络图

3.2.3　双代号网络图的计算

双代号网络图的计算是指确定各工作的开始时间和结束时间，以及工作的时差，并以此确定整个计划的完成时间（工期）、关键工作和关键线路，为网络计划的执行、调整和优化提供依据。

双代号网络图的时间参数分为节点时间参数、工作基本时间参数和工作机动时间参数三部分，通常采用图上计算法进行计算，计算结果直接标注在图上。对于大型工程项目的网络计划多采用编制计算程序在计算机上进行计算。本节仅介绍网络时间参数计算的图上计算法。

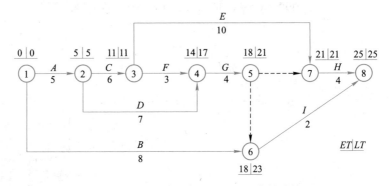

图 3-11 时间参数标注方式

1. 节点时间参数的计算

每个节点有两个时间参数：节点最早时间和节点最迟时间，分别用 ET 和 LT 表示，其计算结果应标注在节点之上，如图 3-11 所示。

（1）节点最早时间 ET 的计算

节点最早时间是以网络计划开始时间为零，相对于这个时间，沿着各条线路达到每一个节点的时刻。

显然，起始节点 1 的最早时间为零，即

$$ET_1 = 0 \qquad (3-1)$$

网络图中任一节点 j 的最早时间，是指以该节点为结束节点的紧前工作全部完成，以这个节点为开始节点的紧后工作最早开始的时间。因此，节点 j 最早时间应取紧前各工作开始节点 i 的最早时间与该工作作业时间 $D_{i,j}$ 之和（即紧前工作的结束时间）中的最大值。用公式表示为：

$$ET_j = \max_{\forall i}\{ET_i + D_{i,j}\} \qquad (3-2)$$

ET 的计算顺序是从网络图的起始节点开始，顺着箭头的方向逐点计算，最后至终点节点。

现以图 3-12 所示网络图为例，计算节点最早时间，计算结果标注在每个节点上方左侧的方框内，框内各数字计算过程见表 3-5。

图 3-12 双代号网络图节点时间参数计算

节点最早时间计算过程（单位：天）　　　　　　　　　　表 3-5

节点编号 j	紧前工作 i—j			计算过程（算式） $ET_j =$ $\max\{ET_i + D_{i,j}\}$	节点最早时间 ET_j
	工作代号 i—j	开始节点最早时间 ET_i	作业时间 $D_{i,j}$		
1	—	—	—	$ET_1 = 0$	0
2	1—2	0	5	$0+5=5$	5
3	2—3	5	6	$5+6=11$	11
4	2—4 3—4	5 11	7 3	$\left.\begin{array}{l}5+7=12\\11+3=14\end{array}\right\}$	14

节点编号 j	紧前工作 $i-j$			计算过程（算式） $ET_j = \max\{ET_i + D_{i,j}\}$	节点最早时间 ET_j
	工作代号 $i-j$	开始节点最早时间 ET_i	作业时间 $D_{i,j}$		
5	4—5	14	4	$14+4=18$	18
6	1—6	0	8	$\left.\begin{array}{l}0+8=8\\18+0=18\end{array}\right\}$	18
	5—6	18	0		
7	3—7	11	10	$\left.\begin{array}{l}11+10=21\\18+0=18\end{array}\right\}$	21
	5—7	18	0		
8	6—8	18	2	$\left.\begin{array}{l}18+2=20\\21+4=25\end{array}\right\}$	25
	7—8	21	4		

由图 3-12 计算过程可知，若只有一个箭线的箭头指向该节点时，如 2、3、5 节点的最早时间等于紧前工作开始节点最早时间加上该工作的作业时间；若有两个以上箭线的箭头指向该节点时，如 4、6、7、8 节点的最早时间，应分别计算其紧前各工作开始节点最早时间与其作业时间之和，从中取最大值。也就是说沿着到达该节点的最长线路求 ET 值。

（2）节点最迟时间 LT 的计算

节点的最迟时间是以该网络计划的计划工期作为网络图终点节点的最迟时间，逆向推出各节点的最迟时间。因此，终点节点 n 的最迟时间为：

$$LT_n = T_p（计划工期） \tag{3-3}$$

一般情况下，制订一项计划总希望能够尽早完成，故常取计划工期等于网络计划终点节点的最早时间 ET_n，即

$$LT_n = ET_n \tag{3-4}$$

网络图中任一节点 i 的最迟时间是指以这个节点为开始节点的紧后工作最迟开始的时间，以这个节点为结束节点的紧前工作的最迟完成时间，也就是说该节点的紧前工作最迟在这个时刻必须全部完工，如果迟于这个时刻则必然延误工期。

因此，节点最迟时间的计算与节点最早时间的计算顺序相反，是从网络图的终止节点开始，逆着箭头方向逐点计算，直至起始节点。其值等于该节点的各紧后工作结束节点 j 的最迟时间与该工作作业时间之差中的最小值，用公式表示为：

$$LT_i = \min_{\forall j}\{LT_j - D_{i,j}\} \tag{3-5}$$

图 3-12 中各节点的最迟时间列于节点上方右边的方框内，其计算过程见表 3-6。

由图 3-12 最迟时间的计算过程可知，若只有一个箭线从该节点引出时，如 7、6、4 节点，其节点最迟时间等于紧后工作结束节点的最迟时间减去该工作的作业时间；若有两个以上箭线从该节点引出时，如 5、3、2、1 节点，则分别按各紧后工作计算该节点的最迟时间，取其中的最小值。也就是说从该点到达终点节点的多条线路中，沿最长线路求 LT 值。

节点最迟时间计算过程（单位：天） 表 3-6

节点编号 i	紧前工作 $i-j$			计算过程（算式）$LT_i = \min\{LT_j + D_{i,j}\}$	节点最迟时间 LT_i
	工作代号 $i-j$	结束节点最迟时间 LT_j	作业时间 $D_{i,j}$		
8	—	—	—	$LT_8 = ET_8 = 25$	25
7	7—8	25	4	$25-4=21$	21
6	6—8	25	2	$25-2=23$	23
5	5—7	21	0	$\left.\begin{array}{l}21-0=21\\23-0=23\end{array}\right\}$	21
	5—6	23	0		
4	4—5	21	4	$21-4=17$	17
3	3—7	21	10	$\left.\begin{array}{l}21-10=11\\17-3=14\end{array}\right\}$	11
	3—4	17	3		
2	2—4	17	7	$\left.\begin{array}{l}17-7=10\\11-6=5\end{array}\right\}$	5
	2—3	11	6		
1	1—6	23	8	$\left.\begin{array}{l}23-8=15\\5-5=0\end{array}\right\}$	0
	1—2	5	5		

2. 工作基本时间参数的计算

工作基本时间参数指工作的开始、完成时间。每个工作有 4 个基本时间参数，即最早开始时间（ES）、最早完成时间（ET）、最迟开始时间（LS）和最迟完成时间（LF）。

工作的 4 个基本时间参数可根据节点时间参数求出。若工作用 $i-j$ 表示，4 个工作基本时间参数分别表示为 $ES_{i,j}$、$EF_{i,j}$、$LS_{i,j}$ 与 $LF_{i,j}$，其计算结果应标注在箭线之上，如图 3-11 所示。

（1）工作最早开始时间 $ES_{i,j}$ 和最早完成时间 $EF_{i,j}$ 的计算

工作最早开始时间 $ES_{i,j}$ 取决于其紧前各工作的全部完成时间，因此它应等于该工作的开始节点 i 的最早时间；工作的最早完成时间 $EF_{i,j}$ 等于工作最早开始时间加上工作的作业时间。用公式表示为：

$$ES_{i,j} = ET_i$$
$$EF_{i,j} = ES_{i,j} + D_{i,j} \tag{3-6}$$

（2）工作最迟开始时间 $LS_{i,j}$ 和最迟完成时间 $LF_{i,j}$ 的计算

工作最迟完成时间 $LF_{i,j}$ 应等于它的结束节点 j 的最迟时间；工作最迟开始时间 $LS_{i,j}$ 等于工作最迟完成时间减去工作作业时间。用公式表示为：

$$LF_{i,j} = LT_j$$
$$LS_{i,j} = LF_{i,j} - D_{i,j} \tag{3-7}$$

工作的 4 个基本时间参数，直接在网络图上进行计算，其计算结果标注在工作箭线上方的方框内，如图 3-13 所示，框内各数字的计算过程见表 3-7 和表 3-8。如图 3-14 所示为一道工作 $i-j$ 的基本时间参数 $ES_{i,j}$、$EF_{i,j}$、$LS_{i,j}$、$LF_{i,j}$ 与工作开始、结束节点的节点时间参数 ET_i、LT_i、ET_j、LT_j 的对应关系。

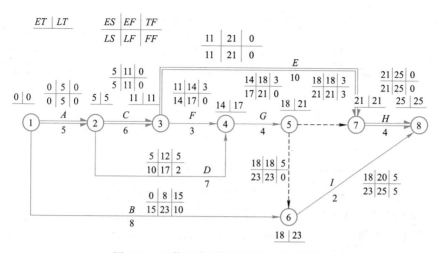

图 3-13 工作基本时间参数及时差的计算

工作最早开始与完成时间计算过程（单位：天）　　表 3-7

工作代号 $i-j$	开始节点最早时间 ET_i	工作最早开始时间 $ES_{i,j}(ES_{i,j}=ET_i)$	工作作业时间 $D_{i,j}$	工作最早完成时间算式 $EF_{i,j}=ES_{i,j}+D_{i,j}$	工作最早结束时间 $EF_{i,j}$
1—2	0	0	5	0+5=5	5
1—6	0	0	8	0+8=8	8
2—3	5	5	6	5+6=11	11
2—4	5	5	7	5+7=12	12
3—4	11	11	3	11+3=14	14
3—7	11	11	10	11+10=21	21
4—5	14	14	4	14+4=18	18
5—6	18	18	0	18+0=18	18
5—7	18	18	0	18+0=18	18
6—8	18	18	2	18+2=20	20
7—8	21	21	4	21+4=25	25

工作最迟开始与完成时间计算过程（单位：天）　　表 3-8

工作代号 $i-j$	结束节点最迟时间 LT_j	工作最迟完成时间 $LF_{i,j}(LF_{i,j}=LT_j)$	工作作业时间 $D_{i,j}$	工作最迟开始时间算式 $LS_{i,j}=LF_i-D_{i,j}$	工作最迟必须开始时间 $LS_{i,j}$
1—2	5	5	5	5-5=0	0
1—6	23	23	8	23-8=15	15
2—3	11	11	6	11-6=5	5
2—4	17	17	7	17-7=10	10
3—4	17	17	3	17-3=14	14
3—7	21	21	10	21-10=11	11
4—5	21	21	4	21-4=17	17

续表

工作代号 $i-j$	结束节点最迟时间 LT_j	工作最迟完成时间 $LF_{i,j}(LF_{i,j}=LT_j)$	工作作业时间 $D_{i,j}$	工作最迟开始时间算式 $LS_{i,j}=LF_{i,j}-D_{i,j}$	工作最迟必须开始时间 $LS_{i,j}$
5—6	23	23	0	23−0＝23	23
5—7	21	21	0	21−0＝21	21
6—8	25	25	2	25−2＝23	23
7—8	25	25	4	25−4＝21	21

从图 3-14 可以看出,每个工作的作业时间应该在最早开始时间 $ES_{i,j}$(或开始节点的最早时间 ET_i)与最迟完成时间 $LF_{i,j}$(或结束节点的最迟时间 LT_j)这一时域范围内完成。只有在这两个界线内完成,才会按时完成计划。如果这两个时间之差超过工作的作业时间,那么很明显在工作开工之前或完工之后有机动时间,可作为调节的备用时间。

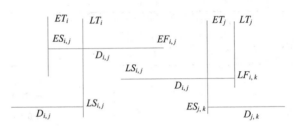

图 3-14 工作基本时间参数与节点时间参数对应关系

3. 工作时差的计算

工作时差就是指工作的机动时间。按照其性质和作用,工作时差主要有三种:工作总时差 TF、工作自由时差 FF、工作相干时差 IF。《工程网络计划技术规程》JGJ/T 121—2015 对工作相干时差 IF 未涉及,在此不介绍。

(1)工作总时差 $TF_{i,j}$ 的计算

工作总时差是指在不影响工期的前提下,该工作可以利用的机动时间。这个时间就是上面提到过的,由于工作最迟完成时间与最早开始时间之差大于工作作业时间而产生的机动时间。利用这段时间延长工作的作业时间或推迟其开工时间,不会影响计划的总工期。工作总时差用公式表示为:

$$TF_{i,j}=LF_{i,j}-ES_{i,j}-D_{i,j} \qquad (3-8)$$

从式(3-8)中可以看出, $LF_{i,j}-D_{i,j}=LS_{i,j}$,而 $ES_{i,j}+D_{i,j}=EF_{i,j}$,所以上式又可以表示为:

$$TF_{i,j}=LS_{i,j}-ES_{i,j} \quad 或 \quad TF_{i,j}=LF_{i,j}-EF_{i,j} \qquad (3-9)$$

即工作两个开始时间之差(工作的最迟开始时间减去工作最早开始时间),或者工作两个完成时间之差(工作最迟完成时间减去工作最早完成时间)。式(3-9)更方便在图上计算。图 3-13 的工作总时差值计算过程见表 3-9。

工作代号 $i—j$	工作最迟开始 时间 $LS_{i,j}$	工作最早开始 时间 ES_i	工作总时差算式 $TF_{i,j}=LS_{i,j}-ES_{i,j}$	工作总时差 $TF_{i,j}$
1—2	0	0	0−0=0	0
1—6	15	0	15−0=15	15
2—3	5	5	5−5=0	0
2—4	10	5	10−5=5	5
3—4	14	11	14−11=3	3
3—7	11	11	11−11=0	0
4—5	17	14	17−14=3	3
5—6	23	18	23−18=5	5
5—7	21	18	21−18=3	3
6—8	23	18	23−18=5	5
7—8	21	21	21−21=0	0

从计算结果可以看出，工作 1—2、2—3、3—7、7—8 总时差为 0，也就是说这些工作没有机动时间，由这些工作连接起来的线路就是从起始节点到终点节点的最长线路。因此，在执行网络计划时，要保证计划按期完成，必须使这些工作按计划时间进行。这些工作称为关键工作，这条线路称为关键线路，其他线路称为非关键线路。

工作总时差还具有这样一个特性，就是它不仅属于本工作，而且与前后工作都有密切的关系，也就是说它为一条线路或一段线路所共有。前一工作动用了工作总时差，其紧后工作的总时差将变为原总时差与已动用总时差的差值。以图 3-13 中的线路 1—2—3—4—5—7—8 为例，各工作的作业时间与总时差如图 3-15 所示。

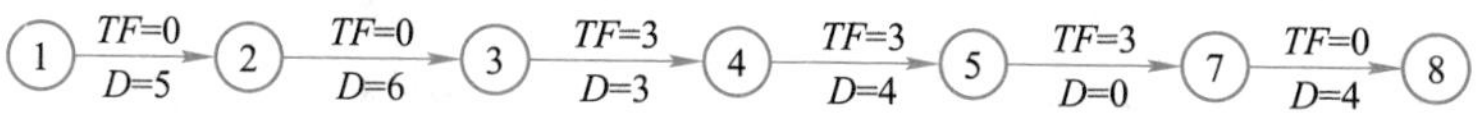

图 3-15　一条线路总时差分析示例

图 3-15 中线路的总时间为：

$$5+6+3+4+0+4=22 \text{ 天}$$

网络计划工期为：

$$T=25 \text{ 天}$$

其差值为：

$$25-22=3 \text{ 天}$$

从上述数字看出，如果将该线路延长 3 天，就转变成关键线路。也就是说在这条线路上各工作总时差的总和为 3 天。由于工作 1—2、2—3、7—8 的工作总时差为 0，则工作 3—4、4—5、5—7 具有的时差为 3—4—5—7 线段上的时差。若工作 3—4 动用了 2 天，则工作 4—5（5—7 为虚工作）可利用的时差就只有 3−2＝1 天；若工作 4—5 动用了 3 天，则工作 3　4 就没有可动用的时差了；若动用的时差超过 3 天，则这条线路的总时间就超过了计划工期 25 天。

（2）工作自由时差 $FF_{i,j}$ 的计算

工作自由时差是指在保证其紧后工作按最早开始时间开工的前提下，该工作可以利用的机动时间。也就是说工作可以在这个时间范围内自由地延长或推迟作业时间，不会影响其紧后工作按最早时间开工。如图 3-16(a) 所示，工作 $i—j$ 的各紧后工作的最早开始时间都相等，且等于其公共开始节点 j 的最早时间 $ET_j=ES_{i,j}=ET_j$，j 为工作的结束节点。所以工作 $i—j$ 的自由时差等于其结束节点的最早时间减去其工作的最早完成时间，用公式表示为：

$$FF_{i,j}=ET_j-EF_{i,j} \tag{3-10}$$

图 3-16 中的工作自由时差的计算过程见表 3-10。

工作自由时差为工作总时差的一部分，如图 3-13(b)所示。

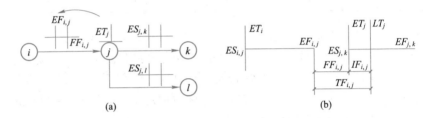

图 3-16 工作自由时差计算示意图

(a)自由时差计算示意图；(b)FF 与 TF、IF 相互关系图

工作自由时差计算过程（单位：天）　　　　　　　表 3-10

工作代号 $i—j$	工作结束节点 最早时间 ET_j	工作最早完成 时间 $EF_{i,j}$	工作自由时差算式 $FF_{i,j}=ET_j-EF_{i,j}$	工作自由时差 $FF_{i,j}$
1—2	5	5	5−5＝0	0
1—6	18	8	18−8＝10	10
2—3	11	11	11−11＝0	0
2—4	14	12	14−12＝2	2
3—4	14	14	14−14＝0	0
3—7	21	21	21−21＝0	0
4—5	18	18	18−18＝0	0
5—6	18	18	18−18＝0	0
5—7	21	18	21−18＝3	3
6—8	25	20	25−20＝5	5
7—8	25	25	25−25＝0	0

一个工作的自由时差隶属于该工作，与同一条线路上的其他工作无关。例如，图 3-13 中的线路 1—2—4—5—7—8，见图 3-17，若工作 2—4 动用自

由时差 2 天时，则表示工作 2—4 的最早完成时间由原来的第 12 天推迟到第 14 天，而其紧后工作 4—5 仍可按该工作的最早开始时间（第 14 天）开始施工。也就是说工作 2—4 使用了自由时差，对其紧后工作毫无影响，仅减少了工作 2—4 本身的总时差中属于本工作独立具有的部分，此时工作 2—4 的总时差，只剩下 5−2=3 天。

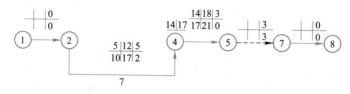

图 3-17　一条线路上工作自由时差分析示例

在网络图中，可以利用工作总时差与工作自由时差进行计划的调整与优化。例如，在计划安排中，某段时间内出现了劳动力或材料需要量的高峰，则可将出现在高峰期内某些有自由时差或总时差的工作推迟开始，在满足不超过其最迟开始时间的条件下，使高峰期的劳动力或材料需要量趋于均衡，且不影响工程的完工时间。

4. 关键线路

关键线路是指从网络图的起始节点到终点节点作业时间最长的线路，即由关键工作连成的线路。如图 3-13 中的 1—2—3—7—8 就是关键线路。关键线路具有下述特点：

（1）关键线路为从网络图的起始节点到终点节点各条线路中，时间最长的线路，其长度就是网络计划的工期。

（2）关键线路上各工作总时差为零（ET_n 等于计划工期）或为负值（ET_n 大于计划工期）或为最小正值（ET_n 接近或稍小于计划工期）。

（3）一个网络计划中可以有多条关键线路，且至少有一条关键线路。

关键线路明确指出了保证工程施工进度的关键工作，在工程项目管理中只有统筹安排，合理调配人力、物力，重点保证关键工作如期完工，才不致延误工期。另外，注意挖掘非关键工作的潜力，对降低工程成本也有着重要的意义。

3.3　单代号网络图

3.3.1　单代号网络图的组成

单代号网络图又称节点网络图。它是指以节点表示工作，以箭线表示工作之间的逻辑关系，每一节点的编号都可以独立代表一项工作的网络图。节点用圆圈或方框表示，工作名称、作业时间与节点编号都标注在节点的圆圈内或方框内。节点的编号就是工作的代号，如图 3-18 所示。紧前工作、紧后工作由箭线箭头指向标明。箭尾节点为紧前工作，箭头指向的节点为紧后工作，如图 3-18(d)所示为前一节分两段施工的砖基础工程的单代号网络图。

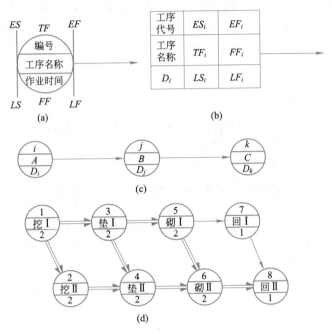

图 3-18 单代号网络图表示法

任何一个网络计划都可以用双代号网络图或单代号网络图两种方式表达。目前两种方式应用都较为普遍。对于较复杂的大型工程项目的网络计划，后者更易表达。

3.3.2 单代号网络图的绘制

由于单代号网络图和双代号网络图是网络计划两种不同的表达方式，因此关于双代号网络图的工作逻辑关系及绘图规则也基本适用于单代号网络图。这里，仅对二者表达方式的不同之处加以叙述。

为便于对比，将单代号网络图 5 种基本的表达方式与前述双代号网络图表达方式对照并列于表 3-11 中。

5 种基本逻辑关系单、双代号表达方式对照表 表 3-11

序号	描述	单代号表达方法	双代号表达方法
1	A 工作完成后，B 工作才能开始		
2	A 工作完成后，B、C 工作才能开始		
3	A、B 工作完成后，C 工作才能开始		

序号	描述	单代号表达方法	双代号表达方法
4	A、B 工作完成后，C、D 工作才能开始		
5	A、B 工作完成后，C 工作才能开始，且 B 工作完成后，D 工作才能开始		

单代号网络图中，若有多个开始工作或多个结束工作时，必须增加一个虚拟的工作(节点)，将多个开始工作或多个结束工作归一，作为网络图的开始工作或结束工作，且令该工作的作业时间为零，如图 3-19 所示。

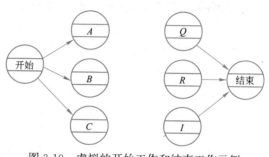

图 3-19　虚拟的开始工作和结束工作示例

【例 3-3】　将例 3-1 改绘成单代号网络图。

【解】　通过作图绘成的单代号网络图如图 3-20 所示。

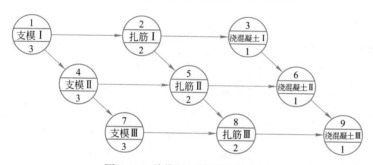

图 3-20　单代号网络图绘制示例

3.3.3　单代号网络图的计算

单代号网络图中节点即为工作，因而单代号网络图只有 4 个基本时间参数和 2 个工作机动时间参数。各参数的含义与双代号网络图相同。为了便于比较，仍以图 3-12 所示双代号网络图为例，其单代号网络图如图 3-21 所示。下面介绍用图上计算法计算单代号网络图的时间参数。

1. 工作基本时间参数的计算

(1) 工作最早开始时间 ES_j 和工作最早完成时间 EF_j 的计算

工作最早时间的计算顺序从网络图起始节点开始，顺着箭头方向依次逐项进行。当起始节点(开始工作 1)的最早开始时间无规定时，其值应为零，即

$$ES_1 = 0 \tag{3-11}$$

任意一个工作 j 的最早开始时间 ES_j，等于其紧前各工作全部完成的时

61

间，即为紧前各工作最早完成时间中的最大值；最早完成时间 EF_j 等于最早开始时间加上工作作业时间。用公式表示为

$$ES_j = \max_{\forall i}(EF_i) \quad (i < j)$$
$$EF_j = ES_j + D_j \tag{3-12}$$

（2）工作最迟开始时间 LS_i 和工作最迟完成时间 LF_i 的计算

工作最迟时间的计算顺序从网络图的终点节点开始，逆着箭头方向依次逐项进行，直至起始节点。网络图的结束工作的最迟完成时间是在保证不致拖延总工期的条件下，本工作最迟完成的时间，所以，在无规定时，其值为

$$LF_n = EF_n \quad (n \text{ 为结束工作的编号}) \tag{3-13}$$

任意一个工作 i 的最迟完成时间 LF_i 等于其紧后各工作最迟开始时间中的最小值；最迟开始时间 LS_i 等于其最迟完成时间减去工作的作业时间。用公式表示为

$$LF_i = \min_{\forall j}(LS_j) \quad (i < j)$$
$$LS_i = LF_i - D_i \tag{3-14}$$

工作的 4 个基本时间参数，直接在网络图上进行计算，计算结果标注在工作（节点）两侧的短线上下，如图 3-21 所示，各个数字的计算过程见表 3-12 和表 3-13。

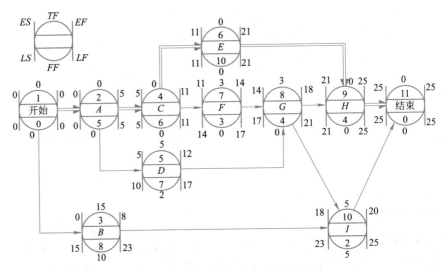

图 3-21 单代号网络图时间参数计算

工作最早时间计算过程（单位：天）　　　　　　　　表 3-12

工作代号 j	紧前工作		工作最早开始时间 $ES_j = \max(EF_i)$	工作作业时间 D_j	工作最早完成时间算式 $EF_j = ES_j + D_j$	工作最早完成时间 EF_j
	工作代号 i	最早完成 EF_i				
1	—		0	0	0+0=0	0
2	1	0	0	5	0+5=5	5
3	1	0	0	8	0+8=8	8

工作代号 j	紧前工作		工作最早开始时间 $ES_j = \max(EF_i)$	工作作业时间 D_j	工作最早完成时间算式 $EF_j = ES_j + D_j$	工作最早完成时间 EF_j
	工作代号 i	最早完成 EF_i				
4	2	5	5	6	5+6=11	11
5	2	5	5	7	5+7=12	12
6	4	11	11	10	11+10=21	21
7	4	11	11	3	11+3=14	14
8	5 7	12 14	14	4	14+4=18	18
9	6 8	21 18	21	4	21+4=25	25
10	3 8	8 18	18	2	18+2=20	20
11	9 10	25 20	25	0	25+0=25	25

工作最迟时间计算过程（单位：天）　　　　表 3-13

工作代号 j	紧前工作		工作最迟完成时间 $LF_j = \min(LS_j)$	工作作业时间 D_j	工作最迟开始时间算式 $LS_j = LF_j - D_j$	工作最迟开始时间 LS_j
	工作代号 i	最迟开始 LS_j				
11	—		$LF_{11}=EF_{11}=25$	0	25−0=25	25
10	11	25	25	2	25−2=23	23
9	11	25	25	4	25−4=21	21
8	10 9	23 21	21	4	21−4=17	17
7	8	17	17	3	17−3=14	14
6	9	21	21	10	21−10=11	11
5	8	17	17	7	17−7=10	10
4	7 6	14 11	11	6	11−6=5	5
3	10	23	23	8	23−8=15	15
2	5 4	10 5	5	5	5−5=0	0
1	3 2	15 0	0	0	0−0=0	0

2. 工作时差的计算

工作总时差的概念和计算方法与双代号网络图相同，不再赘述。

工作自由时差的概念与双代号网络图相同，但其计算方法稍有差异，其值等于其紧后工作 j 的最早开始时间 ES_j 中的最小值减去该工作的最早完成时间 EF_i，用公式表示为

$$FF_i = \min_{\forall j}(ES_j) - EF_i \qquad (3-15)$$

63

图 3-21 中，TF、FF 分别标注在节点（工作）的上下，其中自由时差 FF 的计算过程见表 3-14。

工作自由时差计算过程（单位：天）　　　　表 3-14

工作代号 i	紧后工作			工作最早完成时间 EF_i	工作自由时差算式 $FF_i=\min\{ES_j\}-EF_i$	工作自由时差 FF_i
	工作代号 j	最早开始 ES_j	$\min\{ES_j\}$			
1	2 3	0 } 0	0	0	$0-0=0$	0
2	4 5	5 } 5	5	5	$5-5=0$	0
3	10	18	18	8	$18-8=10$	10
4	6 7	11 } 11	11	11	$11-11=0$	0
5	8	14	14	12	$14-12=2$	2
6	9	21	21	21	$21-21=0$	0
7	8	14	14	14	$14-14=0$	0
8	9 10	21 } 18	18	18	$18-18=0$	0
9	11	25	25	25	$25-25=0$	0
10	11	25	25	20	$25-20=5$	5
11	—		25	25	$25-25=0$	0

关键线路的确定方法与双代号网络图相同。

3.4　搭接网络计划

在土木工程施工中，为了缩短工期，常常将许多工作安排成平行搭接方式。如某一单层工业厂房现浇钢筋混凝土杯形基础施工，安排支模板进行 1 天以后，钢筋工作队开始绑扎钢筋，与支模板平行施工，且绑扎钢筋要比支模板迟 1 天结束。这种平行搭接关系如果用一般网络计划技术（CPM 和 PERT）来描述，则必须把支模板与绑扎钢筋工作从搭接处各划分为两个工作，将搭接关系转化为顺序衔接关系。这样划分的工序若用双代号网络图表示，需要 5 个工序，用单代号网络图表示，需要 4 个工序，如图 3-22(a)～(d)所示。显然，当搭接工序数目较多时，将会增加许多网络图的绘制和计算工作量，且图面复杂，不易掌握。在 20 世纪 60 年代，出现了一种能够反映各种搭接关系的网络计划技术，补充和扩大了网络计划的应用范围，简化了网络图的表示方式，在项目管理中得到了广泛的应用。

搭接网络图是用搭接关系与时距表明紧邻工作之间逻辑关系的一种网络计划，有双代号与单代号两种表达方式。单代号搭接网络比较简明，使用也较普遍，本节仅介绍单代号搭接网络图。如图 3-22(e)、(f)所示为前述两工作的单代号搭接网络图表示形式。

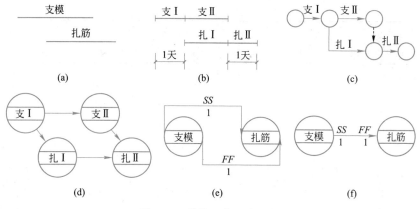

图 3-22　搭接网络图表示法

3.4.1　工作的基本搭接关系

单代号搭接网络图有 5 种基本的工作搭接关系：

（1）结束到开始的搭接关系（用 FS 或 FTS 表示）：指相邻两工作，前项工作 i 结束后，经过时距 $Z_{i,j}$，后面工作 j 才能开始的搭接关系。当 $Z_{i,j}=0$ 时，表示相邻两工作之间没有间歇时间，即前项工作结束后，后面工作立即开始，这就是一般网络图的逻辑关系。

（2）开始到开始的搭接关系（用 SS 或 STS 表示）：指相邻两工作，前项工作 i 开始以后，经过时距 $Z_{i,j}$，后面工作 j 才能开始的搭接关系。

（3）结束到结束的搭接关系（用 FF 或 FTF 表示）：指相邻两工作，前项工作 i 结束后，经过时距 $Z_{i,j}$ 后，后面工作 j 才能结束的搭接关系。

（4）开始到结束的搭接关系（用 SF 或 STF 表示）：指相邻两工作，前项工作 i 开始以后，经过时距 $Z_{i,j}$，后面工作 j 才能结束的搭接关系。

（5）混合搭接关系：当两个工作之间同时存在以上 4 种基本关系的 2 种关系时，这种具有双重约束的关系称为"混合搭接关系"。除了常见的 STS 和 FTF 外，还有 STS 和 STF 以及 STS 和 FTS 两种混合搭接关系。

5 种基本搭接关系的表达方法如表 3-15 所示。

搭接关系及其表示方法　　　　　　　　　　　表 3-15

搭接关系	横道图表方法	单代号搭接网络		举例
		表示方法	简易表示方法	
FS (FTS)				屋面保温层上的找平层结束后 4 天，铺油毡防水层才能开始
SS (STS)				支模板开始 1 天以后，开始绑扎钢筋

65

搭接关系	横道图表方法	单代号搭接网络		举例
		表示方法	简易表示方法	
FF (FTF)	i $Z_{i,j}$ / j	$\overset{i}{D_i}$ $\overset{j}{D_j}$ FF $Z_{i,j}$	$\overset{i}{D_i}$ $\xrightarrow[Z_{i,j}]{FF}$ $\overset{j}{D_j}$	挖基槽结束1天后，浇筑混凝土垫层才能结束
SF (STF)	i j $Z_{i,j}$	$\overset{j}{D_i}$ $\overset{j}{D_j}$ SF $Z_{i,j}$	$\overset{i}{D_i}$ $\xrightarrow[Z_{i,j}]{SF}$ $\overset{j}{D_j}$	绑扎现浇梁、板钢筋开始1天以后，开始铺设电缆与管道，待后者结束后，绑扎钢筋才能结束
混合 (以STS, FTF为例)	$Z'_{i,j}$ i j $Z_{i,j}$	SS $Z_{i,j}$ $\overset{i}{D_i}$ $\overset{j}{D_j}$ FF $Z'_{i,j}$	$\overset{i}{D_i}$ $\xrightarrow[Z_{i,j}\ Z'_{i,j}]{SS\ FF}$ $\overset{j}{D_j}$	基础挖土3天后，开始浇混凝土垫层；挖土结束后2天，混凝土垫层结束

3.4.2 单代号搭接网络图的绘制

单代号搭接网络图的绘制与单代号网络图的绘图方法基本相同：首先根据工作的工艺逻辑关系与组织逻辑关系绘制工作逻辑关系表，确定相邻工作的搭接类型与搭接时距；再根据工作逻辑关系表，按单代号网络图的绘制方法，绘制单代号网络图；最后再将搭接类型与时距标注在工作箭线上。

【例3-4】 某两层砖混结构房屋主体结构工程，划分为3个施工段组织施工，包括5项工作，每个工作安排1个工作队进行施工，工作名称与其在1个施工段上的作业时间分别为：砌砖墙4天，支梁、板、楼梯模板3天，绑扎梁、板、楼梯钢筋2天，浇筑梁、板、楼梯混凝土1天，安装楼板及灌缝2天。已知浇筑混凝土后至少需要养护1天，才允许安装楼板。为了缩短工期，允许绑扎钢筋与支模板平行搭接施工。试绘制单代号搭接网络图。

【解】 (1) 绘制工作逻辑关系表(或示意图)

根据题意，主体结构工程工艺逻辑关系为：砌砖墙→支模板→绑扎钢筋→浇筑混凝土→安装楼板及灌缝；每个工作由1个工作队进行施工，则各工作的组织逻辑关系为：一层Ⅰ段→一层Ⅱ段→一层Ⅲ段→二层Ⅰ段→二层Ⅲ段→……综合此两类关系即可得此两层砖混结构房屋主体结构工程工作逻辑关系示意图，如图3-23所示。图中一、二代表楼层，Ⅰ、Ⅱ、Ⅲ代表施工段，Ⅰ/一表示第一层第一段等；纵向箭线表示工作逻辑关系，横向箭线表示组织逻辑关系；有几个箭线的箭头指向该工作，则表示该工作有几个紧前工作。

逻辑关系确定之后，接着确定相邻工作的搭接关系与搭接时距。一般情况下，若两工作的逻辑关系属于组织逻辑关系，在组织施工时，总是希望工

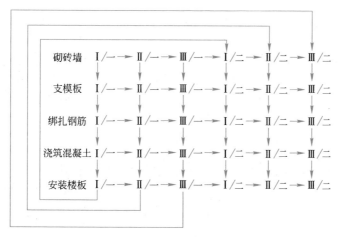

图 3-23 工作逻辑关系示意图

作队尽可能连续施工，故常采用 *FTS* 搭接关系，最小时距为 0；若两工作的关系属于工艺逻辑关系，其搭接关系与时距应视具体施工工艺要求而定。

例如，砌砖墙与支模板两项工作，由于混凝土梁底面要求在同一标高上，因而在一个施工段范围内，砖墙砌完后必须经过抄平，才能在其上支模板，即支模板需在砌砖墙结束后才能开始，二者之间属于 *FTS* 搭接关系，最小时距为 0；又如，根据题意允许绑扎钢筋与支模板平行搭接施工，但绑扎钢筋必须在支模板进行一段时间以后开始，且在支模板结束之后结束，因此，支模板与绑扎钢筋可采用 *STS* 与 *FTF* 两种搭接关系进行双向控制，时距可取 1天，如图 3-24 所示。

图 3-24 支模板与绑扎钢筋双向控制

根据逻辑关系示意图及工作间的搭接关系与时距，可编制逻辑关系表，或直接将搭接关系与时距标注在图 3-23 上，构成搭接网络工作逻辑关系示意图，如图 3-25 所示。一般情况下，采用后者更为简便、直观。

（2）根据工作逻辑关系表（示意图），按单代号网络图的绘制规则绘制单代号网络图，如图 3-25 所示。

当采用工作逻辑关系示意图时，也可以只将示意图中工作名称处换成单代号网络图的工作符号，即得单代号搭接网络图。此法更简捷。

（3）在绘制好的网络图上标注搭接关系、时距与作业时间，增加虚工作起始节点和结束节点，并进行编号。

图 3-26 为最后完成的两层砖混结构房屋主体结构工程单代号搭接网络图。

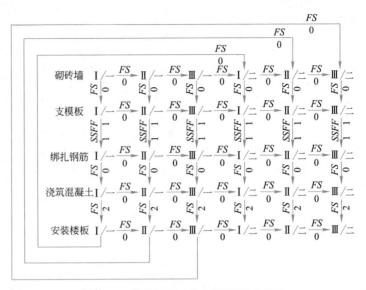

图 3-25　搭接网络工作逻辑关系示意图

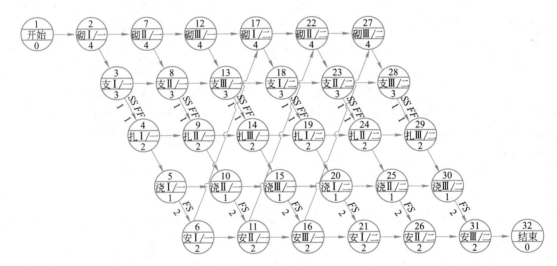

图 3-26　砖混结构房屋主体结构工程单代号搭接网络图

（图中箭线上未标注搭接关系与时距者均为 FTS 搭接关系，时距为 0）

3.4.3　单代号搭接网络图的计算

　　单代号搭接网络的时间参数计算仍采用图上计算法，其计算结果全部标注在图上。表 3-16 所列某一工程项目的工作逻辑关系、搭接关系、搭接时距，其单代号搭接网络图如图 3-27 所示。

工作搭接关系与时距（单位：天）　　　　　　　　　　表 3-16

工作名称	作业时间	紧前工作	搭接关系	搭接时距
A	5	—		
B	—			

工作名称	作业时间	紧前工作	搭接关系	搭接时距
C	10	A	SS	2
D	20	$\begin{cases}A\\B\\C\end{cases}$	FF FS SS	15 4 11
E	15	B	FF	3
F	13	$\begin{cases}C\\D\end{cases}$	FS FS	15 4
G	8	$\begin{cases}D\\E\\F\end{cases}$	$\begin{cases}SS\\FF\end{cases}$ FS SS	10 5 3 3

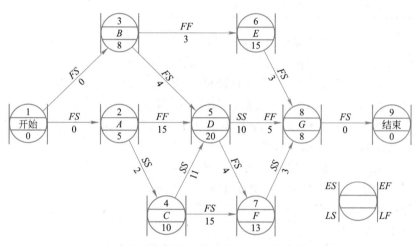

图 3-27　单代号搭接网络图的绘制及时间参数计算

单代号搭接网络图计算的内容与一般网络图是相同的，都需要计算工作基本时间参数和工作时差，但前者在计算工作基本时间参数和自由时差时，需要首先找出相邻工作之间的搭接关系与时距。

1. 工作基本时间参数的计算

（1）工作最早开始时间（ES_i）和最早完成时间（EF_i）的计算

单代号搭接网络图与单代号网络图工作最早时间的计算顺序是相同的，都是从起始工作开始计算，取

$$ES_1=0 \tag{3-16}$$

以后再顺着箭头方向依次计算各工作的最早时间。

一个工作的两个最早时间 ES_j 与 EF_j 的计算次序和计算公式，由该工作与紧前工作（一个或多个）之间搭接关系的类型和时距确定。

搭接关系中第一个字母代表箭线箭尾的工作（紧前工作 i）；第二个字母代表箭线箭头的工作（紧后工作 j）。计算最早时间时，若搭接关系的第一个字母为 F，则用箭尾工作 i 的最早完成时间 EF_i 加上时距 $Z_{i,j}$；若为 S，则用工作

i 的最早开始时间 ES_i 加上时距 $Z_{i,j}$。搭接关系的最后一个字母若为 F，结果为箭头工作 j 的最早完成时间 EF_j；若为 S，结果为箭头工作 j 的最早开始时间 ES_j。其用公式表示见表 3-17。

搭接网络图基本时间参数计算公式　　　　　　　　　表 3-17

搭接关系	ES_j 与 EF_j（紧前工作为 i）	LS_i 与 LF_i（紧后工作为 j）
FS	$ES_j = EF_i + Z_{i,j}$ $EF_j = ES_j + D_j$	$LF_i = LS_j - Z_{i,j}$ $LS_i = LF_i - D_i$
SS	$ES_j = ES_i + Z_{i,j}$ $EF_j = ES_j + D_j$	$LS_i = LS_j - Z_{i,j}$ $LF_i = LS_i + D_i$
FF	$EF_j = EF_i + Z_{i,j}$ $ES_j = EF_j - D_j$	$LF_i = LF_j - Z_{i,j}$ $LS_i = LF_i - D_i$
SF	$EF_j = ES_i + Z_{i,j}$ $ES_j = EF_j - D_j$	$LS_i = LF_j - Z_{i,j}$ $LF_i = LS_i + D_i$

若一个工作有多个紧前工作时，则应按照该工作与每个紧前工作的搭接关系分别进行计算，取最大值作为该工作的最早时间。

采用图上计算法，最早时间的计算过程为：①查找该工作的紧前工作 i；②查找与紧前工作的搭接关系；③根据搭接关系第一个字母 S 或 F，找出紧前工作对应的 ES_i 或 EF_i；④计算 ES_i 或 EF_i 与相应的时距 $Z_{i,j}$ 之和；⑤计算的结果为与搭接关系第二个字母 S 或 F 对应的，紧后工作 j 的 ES_j 或 EF_j。有多个紧前工作时，为了从各计算结果中选大值，同一工作的计算结果必须统一，例中统一计算出 ES 值，再进行比较。因此，如果按上述步骤计算的结果是 EF_j，则用表 3-17 中公式时，应减去该工作的作业时间 D_j 换算为相应的 ES_j。

以图 3-27 所示搭接网络图为例，其参数计算仍采用图上计算法，从图 3-27 的起始工作开始，依次计算各工作的最早时间，将计算结果标注在图上。图中，工作 6 的最早开始时间出现了负值（−4），其表示工作 6 在整个工程开工前 4 天已开始进行，也就是说在起始工作最早开始时间之前已进行了 4 天，显然与题设条件不符。产生此现象的原因是工作 6 与紧前工作 3 的搭接关系 FF 只控制了它的完成时间 EF_6，未控制它的开始时间 ES_6，因而当 $D_6 > EF_6$ 时，ES_6 必为负值。所以必须从开始工作到工作 6 增加一个箭线，如图 3-28 中虚线所示。限定工作 6 必须在开始工作之后进行，取搭接关系为 FS，时距为 0。这样就限定了工作 6 的最早开始时间必须从两个紧前工作（开始工作与工作 3）计算的 ES_6 值中取大值，其值为 0。修改后的计算结果标注在图 3-28 中。

从图 3-28 中看出，工作 7 的最早完成时间为第 50 天，而结束工作的最早完成时间为第 48 天。根据其含义，结束工作应该在全部工作结束之后才能进行。产生工作 7 滞后结束的原因是：工作 7 与其紧后工作 8 的搭接关系 SS，只限定了工作 7 的最早开始时间 ES_7 在工作 8 最早开始时间 ES_8 之前 3 天开始，而其最早完成时间没有受到任何条件限制。因而，当 $D_7 + ES_7 > ES_{结束}$ 时，即产生了工作 7 在结束工作之后才能完成的现象。所以也需要增加一个从工作 7 到结束工作之间的虚箭线，控制工作 7 必须在结束工作开始之前结束，取搭接关系为 FS，时距为 0，如图 3-29 所示。这样结束工作的最早开始时间受两个紧前工作 8 与 7 的控制，分别计算 $ES_{结束}$，取其中的最大值 50 天，修改后的结果标注在图 3-29 上。

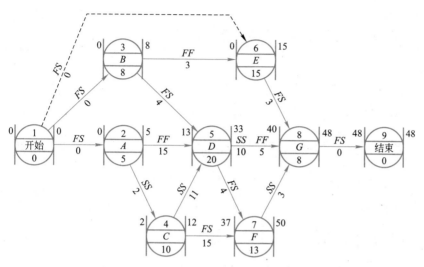

图 3-28　搭接网络图工作最早时间计算修正图

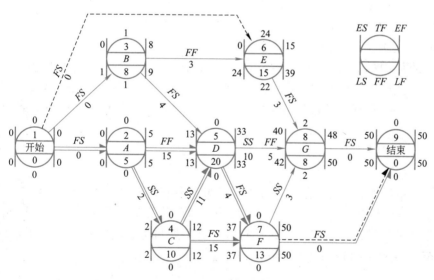

图 3-29　搭接网络图工作时间参数计算最终结果图

（2）工作最迟开始（LS_i）和最迟完成时间（LF_i）的计算

计算工作的最迟时间从结束工作 n（终止节点）开始，首先令

$$LF_n = EF_n \qquad (3-17)$$

然后逆着箭头方向计算各工作的最迟时间。

2. 工作时差的计算

工作总时差的含义与计算公式和单代号网络图完全相同，不再赘述。搭接网络图中，工作自由时差是指在保证要求的时距，且不影响其紧后各工作

按最早开始时间开工的前提下，该工作可以利用的机动时间。所以搭接网络图中的工作自由时差的计算与其搭接关系有很大的关系。

不同搭接关系自由时差的计算公式列于表 3-18 中。图 3-29 中工作下方数字为工作的自由时差的计算结果。

自由时差计算公式　　　　　　　　　　　　表 3-18

搭接关系	计算公式	图形表达
FS	$FF_i = ES_j - EF_i - Z_{i,j}$	
SS	$FF_i = ES_j - ES_i - Z_{i,j}$	
FF	$FF_i = EF_j - EF_i - Z_{i,j}$	
SF	$FF_i = EF_j - ES_i - Z_{i,j}$	

3. 关键线路的确定

从网络图的开始工作(起始节点)到结束工作(终点节点)，由工作总时差为零的关键工作连接的线路即为关键线路。图 3-27 中的关键线路有三条，它们是：开始→2→4→5→7→结束，开始→2→4→7→结束，开始→2→5→7→结束。

3.5　网络计划的优化

网络计划的优化是通过利用时差不断改善网络计划的最初方案，在满足既定条件的情况下，按某一衡量指标来寻求最优方案的问题。网络计划的优化目标按计划任务的需要和条件选定，有工期目标、费用目标和资源目标。本节主要介绍资源优化和工期-成本优化。

3.5.1　资源优化

资源是为完成某一工程项目所需的人力、材料、机械设备和资金等的统称。资源优化是指调整网络计划初始方案的日资源需要量，使其不超过日资源需要量或者使之尽可能均衡。根据优化目标的不同资源优化又分为两类：①在工期不变的情况下，使日资源的需要量尽可能均衡；②当日资源受限时，使日资源需要量不超过限制的日资源限量，工期延长值尽可能最小。

1. 工期不变，资源使用均衡的优化

工期不变，资源均衡优化主要是利用工作的时差，调整工作的开始和结束日期，以达到减少高峰期的资源需要量，增加低谷期的资源需要量，使日资源需要量趋于均衡。调整的常用方法有方差法和时段法两种，本书以方差法为例介绍资源均衡的优化方法步骤。

方差法的优化目标是使日资源需要量的方差最小。方差（均方差 σ^2）表示在资源需要量动态曲线上，每天计划需要量与每天平均需要量之差的平方和的平均值。用公式表示为：

$$\sigma^2 = \frac{1}{T} \sum_{t=1}^{T} (R_t - R_m)^2 \tag{3-18}$$

式中　R_t——第 t 天的日资源需要量；

　　　R_m——平均日资源需要量，$R_m = \frac{1}{T} \sum_{t=1}^{T} R_t$；

　　　T——规定的工期。

将上式展开得：

$$\sigma^2 = \frac{1}{T} \sum_{t=1}^{T} (R_t^2 - 2R_t R_m + R_m^2) = \frac{1}{T} \sum_{t=1}^{T} (R_t^2 - R_m^2)$$

由于式中 T 与 R_m 均为常数，因此，要使均方差 σ^2 为最小，只需使得 $\sum_{t=1}^{T} R_t^2$ 为最小。

如工作 $l—n$ 的最早开始日期为第 i 天，最早结束日期为第 j 天，自由时差为 $FF_{l,n}$。若工作 $l—n$ 的日资源需要量为 $r_{l,n}$，则如将工作 $l—n$ 右移 1 天（图 3-30），方差的变化值可计算如下：

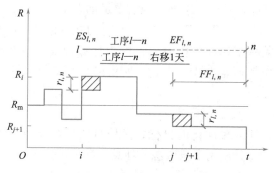

图 3-30　资源调整示意图

未移动前为：

$$\sum R_t^2 = R_1^2 + R_2^2 + R_3^2 + \cdots + R_i^2 + R_{j+1}^2 + \cdots + R_T^2 \tag{3-19}$$

向右移 1 天后为：

$$\sum R_t'^2 = R_1^2 + R_2^2 + R_3^2 + \cdots + (R_i - r_{l,n})^2 + \cdots + R_j^2 + (R_{j+1} + r_{l,n})^2 + \cdots + R_T^2$$

方差变化值为：

$$\begin{aligned} \sum R_t'^2 - \sum R_1^2 &= (R_i - r_{l,n})^2 - R_i^2 + (R_{j+1} + r_{l,n})^2 - R_{j+1}^2 \\ &= -2R_i r_{l,n} + r_{l,n}^2 + 2R_{j+1} r_{l,n} + r_{l,n}^2 \\ &= 2r_{l,n}(R_{j+1} - R_i + r_{l,n}) \end{aligned} \tag{3-20}$$

如方差变化值为负，则右移 1 天可使方差变小；如方差变化值为正，则右移 1 天可使方差变大。因此，可用方差变化值的正、负判别右移 1 天是否趋于均衡。由于 $r_{l,n}$ 为非负常数，故可用 $R_{i+r}-R_i+r_{l,n}$ 作为是否右移 1 天的判别式，用 Δ 表示。Δ 称为判别值，即

$$\Delta=R_{j+1}-R_i+r_{l,n} \tag{3-21}$$

若计算出右移 1 天的判别值 Δ_1 为负，则可将工作 $l—n$ 向右移 1 天。再在工作 $l—n$ 右移 1 天后新的动态曲线上，按上述同样的方法，在自由时差范围内，继续考虑工作 $l—n$ 是否还能再右移 1 天，计算判别值 Δ_2，若 Δ_2 为负，那么就再右移 1 天。依此继续进行，直至不能移动为止。

如果计算出的判别值 Δ_1 为正值，即表示工作 $l—n$ 不能向右移 1 天。那么就考虑工作 $l—n$ 是否可能向右移 2 天，计算出 Δ_2，如果 Δ_2 为负，再计算右移 2 天判别值之和 $\Delta_1+\Delta_2$，若它为负值，那么就将工作 $l—n$ 右移 2 天（在自由时差范围内）。继而还可考虑工作 $l—n$ 能否右移 3 天的问题（在自由时差范围内）。

综上所述，若某工作有自由时差 m 天，在 m 天范围内，将工作 $l—n$ 逐日右移。每向右移动 1 天计算 1 次判别值 Δ，则依次计算出 Δ_1，Δ_2，Δ_3，…，Δ_m，再计算出判别值的累加数列 Δ_1，$\Delta_1+\Delta_2$，…，$\Delta_1+\Delta_2+\cdots+\Delta_m$。然后，从累加数列中找出第一个出现最大负值的项次，项次之值即为右移的天数。若数列全为正数，则表示工作 $l—n$ 不能右移。

优化步骤归纳如下：

（1）计算网络图的时间参数；

（2）按照工作的最早开始和完成时间，绘制时间坐标网络图；

（3）计算资源日需要量，绘制资源需要量动态图；

（4）从网络图的终点节点开始，逆箭头方向，按最早开始时间值的大、小顺序，逐个对非关键工作在自由时差范围内计算判别值，做右移的调整。直到全部非关键工作都不能再调整为止。所得网络图即为工期不变资源使用均衡的网络图。

2. 资源限量，工期最短优化

资源限量，工期最短优化的目标，是使日资源需要量小于、接近于或等于日资源供应量，充分使用限量资源，使总工期尽可能最短。

资源限量优化与资源均衡优化不同之处在于，不仅要调整非关键工作，有时还需要调整关键工作才能实现。

若实现某工程施工进度计划需要 N 种资源，其中有 W 种资源日供应量受到限制，分别记作 $S^{(1)}(t)$，…，$S^{(K)}(t)$，…，$S^{(W)}(t)$。设工作 $i—j$ 所需第 K 种资源的日需要量为 $r_{i,j}^{(K)}$，那么在第 m 天，各工作对第 K 种资源的日需要量之和为 $R^{(K)}(m)=\sum_{Am}r_{(i,j)}^{(K)}$，可供应量为 $S^{(K)}(m)$，则第 m 天满足资源限量的条件为

$$R^{(K)}(m)\leqslant S^{(K)}(m) \tag{3-22}$$

若工期为 T，第 K 种资源可供应的总量为 $\sum_{t=1}^{T}S^{(K)}(t)$，则平均日供应

量为

$$\frac{\sum_{t=1}^{T} S^{(K)}(t)}{T} \qquad (3-23)$$

第 K 种资源的总需要量为 $\sum_{t=1}^{T} R^{(K)}(t)$。根据第 K 种资源限量计算出所需工期为

$$T^{(K)} = \frac{\sum_{t=1}^{T} R^{(K)}(t)}{\dfrac{\sum_{t=1}^{T} S^{(K)}(t)}{T}} = T\frac{\sum_{t=1}^{T} R^{(K)}(t)}{\sum_{t=1}^{T} S^{(K)}(t)} \qquad (3-24)$$

令

$$P^{(K)} = \frac{\sum_{t=1}^{T} R^{(K)}(t)}{\sum_{t=1}^{T} S^{(K)}(t)}$$

则

$$T^{(K)} = P^{(K)}T \qquad (3-25)$$

式中 　$P^{(K)}$——第 K 种资源限量工期调整系数；

　　　　T——网络计划工期(关键线路长)；

　　　　$T^{(K)}$——根据第 K 种资源限量计算的最佳工期。

由此可知，在满足全部 W 种资源供应量受到限制的条件下，其工期 T 应满足下式

$$T \geqslant \max\{T^{(K)}\}, \quad K=1, 2, \cdots, W \qquad (3-26)$$

进行资源限量、工期最短优化常采用时段法，时段法的优化过程与方差法一样，也是在已绘好的时间坐标网络图与相应的资源需要量动态图上进行的。该方法的要点是：首先将资源需要量动态图中日资源需要量相同的部分划分为一个区段，称为时段；再对日资源需要量超过日资源限量的时段进行调整，使之小于或等于日资源限量。

时段法资源限量，工期最短优化的步骤如下：

(1) 计算时间参数，绘制时间坐标网络图与资源需要量动态图。

(2) 将资源需要量动态图划分出时段。

(3) 自左至右对 $R^{(K)}(m) > S^{(K)}(m)$ 的时段进行调整。

调整的方法是：从该时段的非关键工作中选择可以右移出该时段的工作。这个工作应满足：①工作时差 TF 或 FF 大于时段的长度(即时段所包含的天数)；②若有多个非关键工作时，还应使留在该时段中的工作日资源需要量之和等于或小于日资源限量。

每调整一个工作，调整一次资源需要量动态图，并重新划分时段。

3.5.2　工期-成本优化

工程成本是由直接费和间接费两部分组成的。它们与工期的关系如

图 3-31 所示。

当工作 $i—j$ 的直接费用按随作业时间的改变而连续变化来考虑时，一般把介于正常作业时间与极限作业时间之间的任意作业时间 D_F 的直接费 C_F 用单位时间费用变化率 C_P 计算。其公式表示为

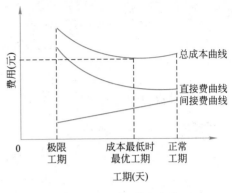

图 3-31 工期-成本曲线

$$C_{Pi,j} = \frac{C_{Ci,j} - C_{Ni,j}}{D_{Ni,j} - D_{Ci,j}} \quad (3-27)$$

$$C_{Fi,j} = C_{Pi,j} D_{Fi,j} \quad (3-28)$$

式中　$C_{Pi,j}$——工作 $i—j$ 的直接费率；

$C_{Ci,j}$——工作 $i—j$ 的极限作业时间所需直接费；

$C_{Ni,j}$——工作 $i—j$ 的正常作业时间所需直接费；

$D_{Ci,j}$——工作 $i—j$ 的极限作业时间；

$D_{Ni,j}$——工作 $i—j$ 的正常作业时间。

当工作的直接费用在作业时间上的分布离散时，一般由工程技术人员估算确定。

进行工期-成本优化主要研究两类问题：一类是寻求指定工期（指令工期）时的最低成本；另一类是寻求工程成本最低时的最优工期，如图 3-31 所示。这两类优化问题的基本思路是找出能使计划工期缩短的关键线路，缩短直接费用增加额最少的关键工作的作业时间。

为了使工程总成本减少，缩短作业时间的关键工作必须满足：缩短工作作业时间增加的直接费小于因工期缩短而减少的间接费用。工作的直接费用以单位时间的直接费率表示，间接费用以单位时间的间接费率表示。因此，只有缩短那些直接费率小于间接费率的关键工作，才能使工程总成本下降。在同时有多条关键线路的情况下，每条线路都需要缩短相同的时间，才能使工程的工期也缩短同样的时间。为此必须找出能同时缩短各条关键线路长度的诸工作组合中直接费率之和最小的工作组合，这种工作组合简称为最小直接费率组合。

如图 3-32 所示，图中工作全是关键工作。图 3-32（a）中只有 1 条关键线路，直接费率最小的工作 6—7 为最小直接费率组合；图 3-32（b）中有 4 条关键线路，能同时缩短各条关键线路长度的工作组合有 8 组，各组的直接费率之和为

$A—A$：$C_{P1,2} + C_{P1,3} = 8 + 4 = 12$

$B—B$：$C_{P1,3} + C_{P2,3} + C_{P2,5} + C_{P2,4} = 4 + 2 + 3 + 4 = 13$

$C—C$：$C_{P1,3} + C_{P2,3} + C_{P2,5} + C_{P4,6} = 4 + 2 + 3 + 5 = 14$

$D—D$：$C_{P1,3} + C_{P2,3} + C_{P2,5} + C_{P6,7} = 4 + 2 + 3 + 3 = 12$

$E—E$：$C_{P3,5} + C_{P2,5} + C_{P2,4} = 5 + 3 + 4 = 12$

$F—F$：$C_{P3,5} + C_{P2,5} + C_{P4,6} = 5 + 3 + 5 = 13$

$$G-G: C_{P3,5} + C_{P2,5} + C_{P6,7} = 5+3+3 = 11$$

$$H-H: C_{P5,7} + C_{P6,7} = 10+3 = 13$$

$G-G$ 为最小直接费率组合：组合直接费率=11

组合包含 3 个工作：工作 3—5

工作 2—5

工作 6—7

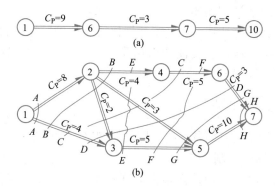

图 3-32　计算直接费率最小组合示例

(a) 一条关键线路；(b) 多条关键线路

进行工期-成本优化时重复工作量较大，每进行一步，都需要重新计算时间参数，寻找关键线路。为简便起见，这里介绍一种图论中寻求关键路线的标号法，不需要计算时间参数，可直接找出关键线路。这种简易方法称为关键线路标号法。

关键线路标号法与计算节点最早时间相似，也是从起始节点开始顺箭头方向对每个节点进行标记。标记由两部分组成：一部分称为标记值，用 TE_j 表示；另一部分称为标记号，用 i 表示，记作 (i, TE_j)，其中：TE_j 为节点 j 的标记值，它等于该节点的最早时间，$TE_j = \max_{\forall i} \{TE_i + D_{i,j}\}$；$i$ 为节点 j 的标记号，它为确定该节点最早时间的工作开始节点编号。

网络图起始节点的标记值为 0，标记号用短横线表示，其标记记作：(—, 0)。

用关键线路标号法寻求关键线路的步骤如下：

(1) 从起始节点开始顺箭头方向直至终点节点，依次对各节点进行标记；

(2) 从终点节点开始逆箭头方向，按标记号依次将该节点与标记号节点间的箭线连成双线，直至起始节点。双线标志的线路，即为关键线路。

工期固定的最低成本的优化步骤如下：

(1) 将各工作作业时间缩短到极限作业时间，并用标号法找出关键线路。

(2) 延长关键线路上工作的作业时间，使关键线路的总时间等于计划要求的工期。若延长后关键线路总时间仍小于要求的工期时，则该线路应看作非关键线路。此时，需反复循环执行第 3 步和第 2 步，直到找到满足要求工期的关键线路为止。

延长关键工作的原则是：①首先延长直接费率大的工作，使直接费有较大的减少，总成本降低；②尽量使以关键工作的开始节点作为起始节点，以关键工作结束节点作为终点节点的线段上的工作成为关键工作。

（3）松弛非关键工作，使其尽量成为关键工作。

（4）计算最优方案网络图的时间参数与总成本。

3.6 网络计划的实施

工程项目的网络计划实施之前，一般还要将其绘制在时间坐标上，形成直观、易懂的实施网络计划。在网络计划执行过程中要加强管理，及时反馈、记录计划实施情况，再根据反馈的信息及时调整与修正网络图，以保证网络计划对施工过程的控制与指导作用。

3.6.1 实施网络图的绘制

实施网络图常见的有两种形式，即时标网络图和网络计划横道图。

1. 时标网络图的绘制

时标网络图是将一般网络图加上时间横坐标，工作之间逻辑关系表达与原网络图完全相同，其表达方式也有双代号与单代号两种形式。目前使用较多的是双代号时标网络图，在土木工程施工中按最早时间安排的时标网络图使用较多。

绘制双代号时标网络图的基本符号：用实箭线代表工作，箭线在水平方向的投影长度表示工作的作业时间；用波形线代表工作自由时差；用虚线代表虚工作。当实箭线之后有波形线且其末端有垂直部分时，其垂直部分用实线绘制；当虚箭线有时差且其末端有垂直部分时，其垂直部分用虚线绘制。

绘图步骤如下：

（1）按节点最早时间，在有横向时间坐标的表格上标定各节点的位置。

（2）从每道工作的开始节点出发画出箭线的实线部分，箭线在水平方向的投影长度等于该工作的作业时间。

（3）在箭线与结束节点之间，若存在空档时，空档的水平投影长度等于该工作的自由时差，用波形线将其连接起来。

【例3-5】 将图3-13所示双代号网络图绘制成双代号时标网络图。

【解】 根据图3-13中的时间参数，按上述步骤绘制双代号时标网络图，如图3-33（a）所示。图中双线所示为关键线路（绘图步骤略）。也可将关键线路各工作集中画在一条直线上，如图3-33（b）所示。

2. 网络计划横道图

网络计划横道图是把网络图计算的时间参数采用横道图的形式绘制的图形。这种表示方法既具有常见的一般横道图的表现形式，又能够表示出网络计划中的关键工作、关键线路及非关键工作的作业时间与时差。网络计划横道图没有单代号双代号之分，二者表示方法是相同的。

绘图符号：用双线表示关键工作，用单实线表示非关键工作，用波形线

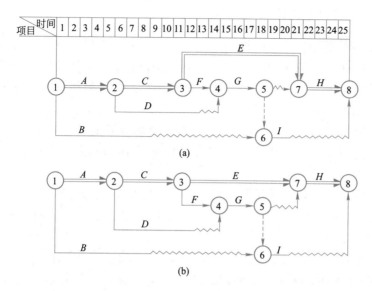

图 3-33 双代号时标网络图

表示工作自由时差，用虚线表示工作相干时差，上述线段的水平投影长度分别等于工作的作业时间与时差。

绘图步骤如下：

（1）按工作最早开始时间与最早完成时间，在有横向时间坐标的表格上表示出各工作的作业时间。

（2）将关键工作画成双线，在非关键工作的作业时间后依次用波形线画出工作自由时差，用虚线画出相干时差。若工作自由时差为 0 时，则在工作作业线后用虚线画出相干时差。

（3）用纵向单实线将相邻关键工作首尾相连构成关键线路，为醒目起见，也可用单实箭线连接。

【例 3-6】 将图 3-13 所示双代号网络图绘制成网络计划横道图。

【解】 根据图 3-13 中数据绘制的网络计划横道图如图 3-34 所示（绘图步骤略）。

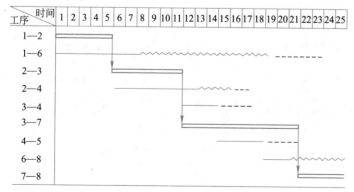

图 3-34 网络计划横道图

3.6.2 网络计划的执行

加强网络计划执行中的统一调度与协调管理是确保网络计划顺利实施的关键。为了使计划管理具有权威性，制订的计划应由主管领导审查批准，由计划编制单位负责管理计划的实施工作。进行网络计划执行过程管理主要应做好以下几项工作：

(1) 实行严格的施工项目经理责任制，将每条箭线所代表的工作落实到班组，向他们进行交底，用《项目管理目标责任书》的形式明确项目部的责、权、利。

(2) 认真组织好工程开工前的各项施工准备(包括技术准备、物资准备与施工场地准备等)及分部分项工程施工的各项作业条件准备，以保证网络计划中各工作如期开工。

(3) 如实记录计划实际执行情况，掌握施工动态，预测计划执行中可能出现的问题，及时采取措施，排除施工中的障碍，保证计划实施。

(4) 必须做到严格按计划的逻辑关系科学作业，确保各项关键工作的作业时间，以实现整个计划的目标工期。

网络计划执行情况的记录工作，一般由统计人员或计划人员负责，记录方式包括表格记录和绘图标注两种。下面仅介绍在时标网络计划中应用"实际进度前锋线"标志施工进度的方法。

"实际进度前锋线"的画法如下：

(1) 在网络计划的每个记录日期上作实际进度标注，标明按期实现、提前实现、拖延工期三种情况。对按计划进度实现者，将实际进度标注在记录日期垂直线与该工作箭线的交点上；对按计划进度提前者，将提前天数在标注日期右方箭线上标点；对进度拖期者，将拖期天数在标注日期左方箭线上标点。

(2) 将各箭线的实际进度点连接起来，形成实际进度波形线，该线称为实际进度前锋线。该波形线的波峰处既表示实际进度比计划快，也表示该工作比相邻工作进度快，其波谷处既表示实际进度比计划慢，也表示该工作比相邻工作进度慢。

图 3-35 中的进度波形线 A—A 与 B—B 分别表示图 3-35 双代号时标网络图第 7 天与 14 天的"实际进度前锋线"。

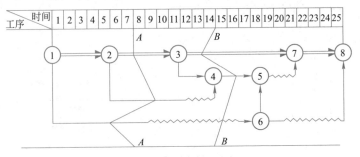

图 3-35 实际进度前锋线

3.6.3　网络计划的调整

网络计划的调整是指根据计划执行反馈的信息，对那些未能完全按原计划执行而产生的偏差所采取的应变措施。网络计划的调整内容包括：关键工作作业时间调整，非关键工作的时差调整，工作的增减，逻辑关系的调整以及某些工作作业时间的调整等。

1. 对关键工作作业时间的调整

当关键工作作业时间缩短时，若仍要保持原计划总工期不变，则可适当延长后续关键工作中那些日资源需要量大的或者是工作直接费高的工作的作业时间；若想在关键工作作业时间缩短的基础上，使总工期缩短，则可按实际执行的工作作业时间，重新计算时间参数，按新的时间参数执行。

关键工作作业时间拖延必然导致总工期拖长，此时可采用下列方法予以补救：重新计算时间参数，在后续关键工作中选择日资源需要量小的或直接费率低的予以缩短；选择后续非关键工作中日资源需要量大、时差大的非关键工作。延长其作业时间，抽调资源，支援与其平行作业的关键工作，使关键工作作业时间缩短。

2. 非关键工作的时差调整

非关键工作的时差调整与网络计划优化的思路和方法是相同的，但其调整的幅度仅限于因执行情况发生变化而引起的原网络计划的变更部分，属于局部调整。

3. 工作的增减调整

在网络计划执行过程中，有时会发现原计划中漏掉了某个工作或某个工作为多余工作，此时应对原网络计划进行工作增、减调整。但做这种调整时应力求避免打乱原网络计划的逻辑关系，应在原计划基础上只做局部逻辑关系的调整。增、减工作以后，必须重新计算时间参数。

4. 逻辑关系的调整

在施工方法没有改变的情况下，工艺逻辑关系一般也是不会改变的。这里指的逻辑关系调整，主要是指组织逻辑关系的调整。当组织关系改变时或原有组织关系的技术经济效果欠佳时，则需要进行组织逻辑关系的调整。逻辑关系调整后，应对网络图进行修正，并重新计算时间参数。

5. 对某些工作作业时间的调整

在计划执行中发现某些工作作业时间计算有误或出现技术、资源条件变化等情况，则必须改变工作作业时间。在调整作业时间时不能改变总工期，对非关键工作作业时间的调整应该控制在时差范围内进行。调整后，必须重新计算时间参数。

上述 5 种网络图的调整，应针对执行中发生的实际问题分别选用。网络计划的调整可定期进行，也可在紧急情况下进行应急调整。用正确的方法做好网络计划的调整工作，可使原定网络计划更符合工程实际，对网络计划的正常执行并保证顺利完成建设项目施工有重要意义。

82

小结及学习指导

1. 网络图是由箭线和节点组成，用来表示工作流程的有向、有序网状的图形。一个网络图表示一项计划任务。掌握双代号、单代号、单代号搭接网络图的表达方式，是学好网络图绘制的关键。

2. 利用各项工作开展的先后顺序及相互之间的关系绘制网络图是本章的重点。对工程项目的工作进行系统分析，确定各工作之间的逻辑关系，绘制工作逻辑关系表，根据绘图的基本原则修改网络图。

3. 在应用网络图确定各项工作的开始时间和结束时间时，根据各工作之间的逻辑关系确定，进而找出关键工作和关键线路。

4. 进行网络计划的调整和控制时，要注意关键线路。关键线路是指从网络图的起始节点到终点节点作业时间最长的线路，关键线路可以有多条；调整过程中，非关键线路可能会变成关键线路。

思考题

3-1 网络图的概念及其分类是什么？

3-2 网络图的特点有哪些？

3-3 双代号网络图的组成有哪些基本要素？

3-4 何谓虚工作？

3-5 单代号网络图的组成有哪些？

3-6 简述时标网络图的概念，双代号时标网络图的组成及绘制步骤。

3-7 简述网络计划横道图的概念、组成及绘制步骤。

码3-1 第3章
思考题参考答案

3-8 何谓关键线路？何谓非关键线路？

3-9 什么是工作自由时差？

3-10 什么是工作总时差？

3-11 双代号网络图的时间参数分为几部分？

习题

3-1 已知工作逻辑关系、作业时间如表 3-19～表 3-21 所示，试绘制双代号网络图。

（1）

工作逻辑关系表   表3-19

工作名称	A	B	C	D	E	F	G
紧前工作	—	A	B	A	B、D	E、C	F
作业时间（天）	5	4	3	3	5	4	2

（2）

工作逻辑关系表 表 3-20

工作名称	A	B	C	D	E	F	G	H	I	J	K
紧前工作	—	A	A	B	B	E	A	D、C	E	F、G、H	I、J
作业时间（天）	4	6	3	2	4	8	6	5	4	9	6

（3）

工作逻辑关系表 表 3-21

工作名称	A	B	C	D	E	F	G	H	I	J	K
紧前工作	—	—	B	B	A、C	A、C	A、C、D	E	F、G	H、I	F、G
作业时间（天）	2	3	5	6	4	10	7	4	5	9	8

3-2 计算如图 3-36 所示的双代号网络图时间参数，用双线标出关键线路。

3-3 将如图 3-36 所示的双代号网络图改为单代号网络图，并计算时间参数，用双线标出关键线路。

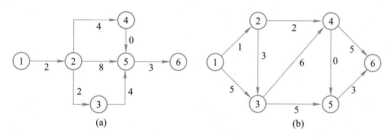

图 3-36 双代号网络图

3-4 已知搭接网络图如图 3-37 所示，试计算时间参数，指出关键线路。

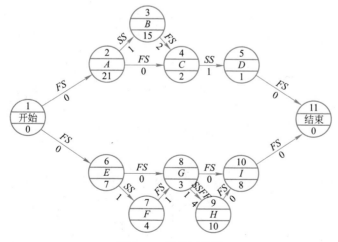

图 3-37 搭接网络图

3-5 将图 3-38 所示的双代号网络图绘制成双代号时标网络计划图。

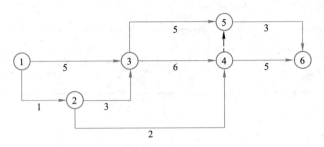

图 3-38 双代号网络图

码 3-2 第 3 章习题参考答案

第4章
单位工程施工组织设计

本章知识点

【知识点】
单位工程施工组织设计，施工方案编制，施工进度计划和资源需要量计划，施工平面图设计，施工技术经济分析。
【重点】
掌握单位工程施工组织设计的方法，熟悉施工方案编制、施工进度计划和资源需要量计划编制、施工平面图设计的工作内容，熟练运用施工技术经济分析指标进行评价。
【难点】
施工方案编制、施工进度计划和资源需要量计划编制、施工平面图设计。

单位工程施工组织设计是沟通设计与施工的桥梁，它既要体现国家有关法规和施工图的要求，又要符合施工活动的客观规律。它起着指导单位工程施工活动全过程的作用，是单位工程施工中必不可少的指导性文件。

4.1 单位工程施工组织设计概述

单位工程施工组织设计是报批开工、备工、备料、备机及申请预付工程款的基本文件，是施工单位对工程项目进行科学管理的基础，是施工单位有计划地开展施工，检查、控制工程进展情况的重要文件，是施工队组安排施工作业计划的主要依据，是协调各单位、各专业、各工种之间、各资源之间的空间布置和时间安排之间关系的依据，是建设单位配合施工、监理，落实工程款项的基本依据。

4.1.1 单位工程施工组织设计的编制依据

在通常情况下，单位工程施工组织设计的编制依据包括以下几方面内容：
（1）工程使用的全套施工图纸和设计说明。
（2）建设单位和上级主管部门对该单位工程的有关要求，如建设工期要求、质量标准、推广新技术、新材料、新工艺的要求和其他施工要求等。
（3）施工组织总设计(或大纲)对该单位工程的安排、要求和规定的有关指标。

85

（4）施工企业的年度生产计划对该单位工程的安排和规定的各项指标。

（5）施工现场的水文地质与气象资料。水文地质资料包括地形、地质、地下水、地上与地下施工障碍物等；气象资料包括施工期间的最高和最低气温、主导风向、雨期时间和降雨量、冬期施工时间和降雪量等。

（6）建设单位可提供的条件，如施工用地、临时设施、水电供应等。

（7）施工单位的资源配置情况，如劳动力、材料加工、机械设备的配备情况。

（8）主要材料、预制构件及半成品的来源及供应情况，以及预制构件的运输条件和运距等。

（9）国家及地区的有关规定、规范、规程和定额手册。

4.1.2　单位工程施工组织设计的编制内容

单位工程施工组织设计，根据工程性质、规模、繁简程度的不同，其内容和深广度要求不同，一般应包括：工程概况及施工特点分析；施工方案设计；单位工程施工进度计划；单位工程施工准备工作计划；劳动力、材料、构件、加工品、施工机械和机具等需要量计划；单位工程施工平面图设计；保证质量、安全、降低成本和冬雨期施工的技术组织措施；各项技术经济指标。

4.1.3　单位工程施工组织设计的编制程序

单位工程施工组织设计的编制程序，是指对其各组成部分形成的先后次序及相互之间制约关系的处理，一般单位工程施工组织设计的编制程序如图 4-1 所示。

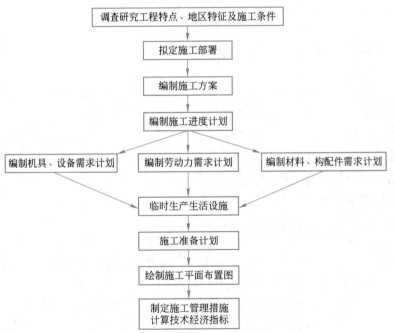

图 4-1　单位工程施工组织设计的编制程序

4.2 施工方案设计

施工方案是单位工程施工组织设计的核心，所确定的施工方案合理与否，不仅影响施工进度计划的安排和施工平面图的布置，而且将直接关系工程的施工安全、效率、质量、工期和技术经济效果。施工方案的设计主要包括确定施工程序、确定单位工程施工起点和流向、确定施工顺序、合理选择施工机械和施工工艺方法及相应技术组织措施等内容。

4.2.1 确定施工程序

施工程序是指单位工程中各分部工程或施工阶段的先后次序及其相互制约关系，其任务主要是从总体上确定单位工程主要分部分项工程的施工顺序。

1. 做好施工准备工作

单位工程的施工准备分内业和外业两部分。

（1）内业准备工作包括熟悉施工图、图纸会审、编制施工预算、编制施工组织设计、落实劳动力、资源与设备需求计划、落实协作单位、对职工进行施工安全、防火、文明施工教育等。

（2）外业准备工作包括完成场地拆迁、障碍清理、管线迁移、场地平整、设置施工所需临时建筑、完成附属加工设施、敷设临时水电管网、完成临时道路、大型机械设备进场以及必要的材料进场等。

2. 遵循基本的施工原则

在单位工程施工中，施工程序一般按"先地下、后地上""先主体、后围护""先结构、后装饰""先土建、后设备"的原则进行。由于影响施工的因素很多，施工程序并不是一成不变的，在土木工程产品生产中，应当结合具体工程的结构特征、施工条件和建设要求，合理确定该工程的施工程序。

例如，随着高层、超高层建筑的兴起，工程基础埋设越来越深，但城市内施工场地普遍比较狭小，为了保证基坑边坡及周边建筑的稳定性，深基坑施工中可采用"逆施法""逆支正施法"等特殊程序，其中逆施法是指在桩基础施工后，从零层板开始，地上、地下同时施工的特殊程序。

3. 合理安排土建施工与工艺设备安装等的施工程序

工业厂房的施工除了要完成一般土建工程外，还要同时完成工艺设备和工业管道等的安装工程。为了使工厂早日投产，不仅要加快土建工程施工速度为工艺设备安装工程提供作业面，还要根据设备性质、安装方法、厂房用途等因素，合理安排土建工程与工艺设备安装工程之间的施工程序。

工业建筑的土建工程与工艺设备安装工程之间的程序，主要决定于工业建筑的种类，如对于精密仪器厂房，一般要求土建、装饰工程完成后进行工艺设备安装；而对于重型工业厂房，先安装工艺设备后建设厂房或工艺设备安装与土建施工同时进行，如冶金车间、发电厂的主厂房、水泥厂的主车间等。

87

4. 做好竣工扫尾工作

竣工扫尾工程也称收尾工程，是指工程接近交工阶段时一些未完的零星项目，其特点是分散、工程量小、分布面广。进行收尾工作时，应首先做好准备工作，摸清收尾项目，然后落实好相应劳动力和机具材料，逐项解决、完成。

4.2.2 确定施工流向

施工流向是指单位工程在平面或空间上施工的开始部位及其展开方向，这主要取决于生产需要、缩短工期和保证质量等要求。一般来说，对单层建筑物，只要按其工段、跨间分区分段地确定平面上的施工流向；对多层建筑物，除了确定每层平面上的施工流向外，还要确定其层间或单元空间上的施工流向。

施工流向的确定，影响一系列施工过程的开展和进程，是组织施工的重要环节，应考虑以下几个因素：

1. 生产工艺或使用要求

生产工艺上影响其他工段试车投产或生产使用上要求急的工段或部分可先安排施工。工业厂房内要求先试生产的工段应先施工；高层宾馆、饭店等，可在主体结构施工到相当层数后，即进行地面上若干层的设备安装与室内外装修。

例如：B 车间生产的产品受 A 车间生产的产品影响，A 车间划分为三个施工段，因此，Ⅱ、Ⅲ 段的生产受 Ⅰ 段的约束，故其施工起点流向应从 A 车间的 Ⅰ 段开始，如图 4-2 所示。

图 4-2　确定施工起点流向

2. 单位工程各部分的繁简程度

对技术复杂、施工进度较慢、工期较长的工段或部位应先施工。例如，高层现浇钢筋混凝土结构房屋，主楼部分应先施工，裙房部分后施工。

3. 房屋高低层或高低跨情况

柱的吊装应从高低层或高低跨并列处开始；高低层并列的多层建筑物中，层数多的区段常先施工；屋面防水层施工应先高后低；基础施工应先深后浅。

4. 工程现场条件和施工方案

施工场地大小、道路布置和施工方法及机械也是确定施工流程的主要因素。例如，土方工程施工中，边开挖边外运余土，则施工起点应确定在远离道路的部位，由远及近地展开施工。

5. 施工技术与组织上的要求

例如多层建筑物层高不等时，施工流向自局部下沉或局部突出单元开始，易使各施工过程的工作队在各施工段上（包括各层的施工段）连续施工。

6. 分部工程或施工阶段的特点

如基础工程由施工机械和施工方法决定其平面的施工流向；主体结构工程从平面上看，从哪一边先开始都可以，但竖向一般应自下而上施工；装饰工程的竖向流程比较复杂，室外装饰一般采用自上而下的工程流向，室内装饰则自上而下（图 4-3）、自下而上（图 4-4）及自中而下再自上而中（图 4-5）三种流向。

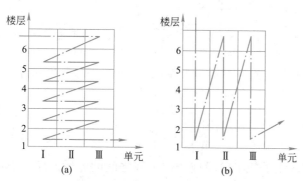

图 4-3　室内装修装饰工程自上而下的流向
（a）水平向下；（b）垂直向下

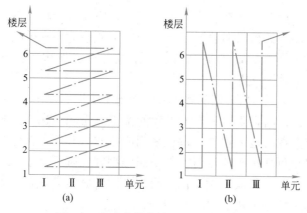

图 4-4　室内装饰装修自下而上的流向
（a）水平向上；（b）垂直向上

4.2.3　确定施工顺序

确定施工顺序主要是指分项工程施工的先后次序，既是为了按照客观施工规律组织施工，也是为了解决工种之间的时间搭接和空间配合问题。在保证质量与安全施工的前提下，充分利用空间、争取时间，达到缩短工期的目的。

90

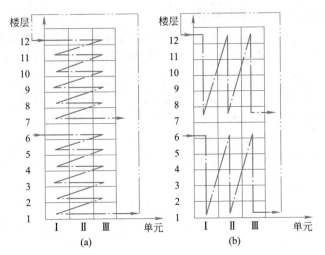

图 4-5　高层建筑装饰装修工程自中而下再自上而中的流向
(a)水平向下；(b)垂直向下

1. 确定施工顺序的影响因素

（1）遵循施工程序

施工程序决定了施工阶段或分部工程之间的先后次序，确定施工顺序必须遵循施工程序。

（2）满足施工工艺要求

各施工过程之间存在着一定的工艺顺序关系，随施工对象结构、构造和使用功能的不同而变化。在确定施工顺序时，应注意分析该施工对象各施工过程的工艺关系。如预制钢筋混凝土柱的施工顺序为：支模板→绑钢筋→浇混凝土→养护→拆模；而现浇钢筋混凝土柱的施工顺序为：绑钢筋→支模板→浇混凝土→养护→拆模。

（3）施工顺序应与所采用的施工方法和施工机械一致

确定施工顺序时，要注意与该工程的施工方法和所选择的施工机械协调一致。如基坑开挖对地下水的处理可采用明排水，其施工顺序应是在挖土过程中排水；如果可能出现流砂时，常采用轻型井点降低地下水，其施工顺序则应是在挖土之前先降低地下水位。两种不同的施工方法，所采用的抽水设备不同，其施工顺序也就不同。

（4）满足施工组织要求

有些施工过程的施工顺序，在满足施工工艺的条件下有可能会有多种施工方案，此时就应考虑施工组织上的要求进行分析、对比，选择最经济合理的施工顺序。在相同条件下，优先选用能为后续施工过程创造较优越施工条件的施工顺序。

（5）满足施工质量的要求

在安排施工顺序时，要以能确保工程质量为前提条件。如果出现影响工程质量的情况，则应重新安排施工顺序或采取必要的技术措施。例如，顶层顶棚的粉刷应安排在屋面防水层完成后进行，以防屋面板缝渗水而损坏顶棚粉刷层。

（6）施工当地的气候条件

在安排施工顺序时，必须考虑施工地区的气候条件。例如南方地区应注意多雨和热带风暴多的特点，而北方地区应多考虑严寒冻害对施工的影响。

（7）满足施工安全的要求

在确定施工顺序时，必须力求各施工过程的搭接不产生不安全因素，避免安全事故的发生。例如，不能为了加快施工进度而在同一施工段上一边吊装楼板一边进行其他工作。对于不可避免的垂直交叉作业，必须采取可靠的安全措施才允许施工。

2. 几种常用结构房屋的一般施工顺序

多层混合结构居住房屋、多层全现浇钢筋混凝土框架结构房屋、装配式钢筋混凝土单层工业厂房是几种具有代表性的房屋，下面分别进行叙述。

（1）多层混合结构居住房屋的施工顺序

多层混合结构房屋的施工，一般可划分为基础工程、主体结构工程、屋面及装饰工程等施工阶段。

多层混合结构居住房屋的基础工程施工阶段是指室内地坪（±0.000）以下的所有工程施工阶段。其施工顺序一般是：挖土→做垫层→砌基础→地圈梁→回填土。

多层混合结构居住房屋主体结构施工阶段的工作，通常包括搭脚手架、墙体砌筑、门窗安装、安预制过梁、安预制楼板和楼梯、现浇构造柱、楼板、圈梁、雨篷、楼梯、屋面板等分项工程。若楼板为预制件时，砌墙和安装楼板是主体结构工程的主导施工过程，在组织施工时，应尽量使砌墙连续施工；现浇厨房、卫生间楼板的支模、绑钢筋可安排在墙体砌筑的最后一步插入，在浇筑构造柱、圈梁的同时浇筑厨房、卫生间楼板，各层预制楼梯段的吊装应在砌墙、安装楼板的同时相继完成。

多层混合结构居住房屋屋面工程的施工顺序一般为：找平层→隔汽层→保温层→找平层→冷底子油结合层→防水层。对于刚性防水屋面的现浇钢筋混凝土防水层，分格缝施工应在主体结构完成后开始，并尽快完成，以便为室内装饰创造条件。一般情况下，屋面工程可以和装饰工程搭接或平行施工。

多层混合结构居住房屋装饰工程可分为室内装饰（顶棚、墙面、楼地面、楼梯等抹灰，门窗安装，做踢脚线等）和室外装饰（外墙抹灰、勒脚、散水、台阶、明沟、水落管等）。室内外装饰工程的施工顺序有先内后外、先外后内、内外同时进行3种，具体为哪种顺序应视施工条件和气候条件而定。

多层混合结构居住房屋的水、暖、电、卫等工程，一般与土建工程中有关的分部分项工程进行交叉施工，紧密配合。

（2）多层全现浇钢筋混凝土框架结构房屋的施工顺序

多层全现浇钢筋混凝土框架结构房屋的施工，一般可划分为基础工程、主体结构工程、围护工程和装饰工程四个施工阶段。

其基础工程一般可分为有地下室和无地下室基础工程。其±0.000以下的施工顺序，若有地下室一层，且房屋建造在软土地基上时，基础工程的施工顺序一般为：桩基→土方开挖→垫层地下室底板→地下室墙、柱(防水处理)→地下室顶板→回填土；若无地下室，且房屋建造在土质较好的地区时，基础工程的施工顺序一般为：挖土→垫层→基础(绑扎钢筋、支模板、浇筑混凝土、养护、拆模)→回填土。

在基础工程施工之前，先处理好基础下部的松软土、洞穴等，然后分段进行平面流水施工。施工时，应根据当地的气候条件，加强对垫层和基础混凝土的养护，在基础混凝土达到拆模要求时及时拆模，并提早回填土。

主体结构工程的施工顺序为：绑扎柱钢筋→安柱、梁、板模板→浇柱混凝土→绑扎梁、板钢筋→浇梁、板混凝土。柱、梁、板的支模、绑扎钢筋、浇混凝土等施工过程的工程量大，耗用的劳动力和材料多，而且对工程质量和工期也起着决定性作用，需把多层框架在竖向上分成层、在平面上分成段，即分成若干个施工段，组织平面上和竖向上的流水施工。

围护工程的施工包括墙体工程、门窗安装和屋面工程。墙体工程包括砌筑用脚手架的搭拆，内、外墙砌筑等分项工程。不同的分项工程之间可组织平行、搭接、立体交叉流水施工。屋面工程、墙体工程应密切配合，如在主体结构工程结束之后，先进行屋面保温层、找平层施工，待外墙砌筑到顶后，再进行屋面油毡防水层的施工。脚手架应配合砌筑工程搭设，在室外装饰之后、做散水坡之前拆除。内墙的砌筑则应根据内墙的基础形式而定，或在地面工程完成后进行，或在地面工程之前与外墙同时进行。

屋面工程、装饰工程的施工顺序与混合结构房屋的施工顺序基本相同。

(3) 装配式钢筋混凝土单层工业厂房的施工顺序

单层工业厂房由于生产工艺的需要，无论在厂房类型、建筑平面、造型或结构构造上都与民用建筑有很大差别，具有设备基础和各种管网，其施工要比民用建筑复杂。装配式钢筋混凝土单层工业厂房的施工可分为基础工程、预制工程、结构安装工程、围护工程和装饰工程五个施工阶段。

单层工业厂房的柱基础一般为现浇钢筋混凝土杯形基础，其施工顺序与现浇钢筋混凝土框架结构的独立基础施工顺序相同。杯形基础的施工应按一定的流向分段进行流水施工，并与后续的预制工程、结构安装工程的施工流向一致。在安排各分项工程之间的搭接施工时，应根据当时的气温条件适当考虑基础垫层和杯口基础混凝土养护时间。

单层工业厂房附属生活用房的基础施工及其他分项工程的施工，与多层混合结构施工基本相同，其基础一般在主体结构吊装后进行。

多数单层工业厂房都有设备基础，特别是重型机械厂房设备基础既大又深，其施工难度大，技术要求高，工期也较长。设备基础的施工顺序常会影响主体结构的安装方法和设备安装的进度。因此，在单层工业厂房基础施工阶段，关键在于安排好设备基础的施工顺序。当厂房柱基础的埋置深度大于设备基础的埋置深度时，通常厂房柱基础先施工、设备基础后施工；当设备基础的埋置深度大于厂房柱基础的埋置深度时，通常设备基础与厂房柱基础同时施工。

单层工业厂房结构构件的预制方式，一般可采用加工厂预制和现场预制相结合的方法。通常，对于尺寸大、自重大的大型构件，因运输困难，多采用在拟建厂房内部就地预制，如柱、托架梁、屋架等；对于种类及规格繁多的异形构件，可在拟建厂房外部集中预制，如门窗过梁等；对于数量较多的中小型构件，可在加工厂预制，如大型屋面板等标准构件、木制品及钢结构构件等。

预制构件现场预制的施工顺序为：场地平整夯实→支模→扎筋(有时先扎筋后支模)→预留孔道→浇筑混凝土→养护→拆模板→张拉预应力筋→锚固→灌浆。现场内部就地预制的构件，一般来说只要基础回填土、场地平整完成一部分以后就可以开始制作。但构件在平面上的布置、制作的流向和先后次序，主要取决于构件的安装方法、所选择起重机性能及构件的制作方法。制作的流向应与基础工程的施工流向一致，以便为结构安装工程提前开始创造条件。

当预制构件采用分件安装时，若场地狭窄而工期又允许时，不同类型的预制构件可分别进行制作；当预制构件采用综合安装方法时，由于是分节间安装完各种类型的所有构件，因此需一次制作构件，其构件在平面布置问题上，需视场地的具体情况确定出构件是全部在拟建厂房内就地预制，还是一部分在拟建厂房外预制。

结构安装工程是装配式单层工业厂房的主导施工阶段，应单独编制结构安装工程的施工作业设计，结构安装工程的施工顺序取决于安装方法。结构吊装的流向通常应与预制构件制作的流向一致。当厂房为多跨且有高、低跨时，构件安装应从高、低跨柱列开始，先安装高跨，后安装低跨，以适应安装工艺要求。

围护工程包括墙体砌筑、安装门窗框等施工过程。墙体砌筑工程又包括搭设脚手脚、内外墙砌筑等各项工作。其施工顺序与现浇钢筋混凝土框架结构房屋的基本相同。装饰工程的施工分为室内装饰和室外装饰，一般不占总工期。

单层工业厂房的水、暖、电、卫等工程与混合结构居住房屋水、暖、电、卫等工程的施工顺序基本相同。生产设备的安装，一般由专业公司承担，由于其专业性强、技术要求高，应遵照有关专业的生产顺序进行。

3. 一般高速公路工程的施工顺序

（1）箱涵工程：测量放线→土方开挖→垫层→底板钢筋→支设底板模板→浇底板混凝土→支设内模→墙、顶板钢筋绑扎→支设外模→浇筑混凝土→回填土→锥坡及洞口铺砌。

（2）钢筋混凝土中桥工程：测量放线→钻孔灌注桩基础→墩柱→桥台、盖梁→支座安装→预制空心板吊装→湿接头绑筋→混凝土浇筑→桥面混凝土铺装层施工→护栏。

（3）路基路面工程：测量放线→基底处理→路堑开挖及路基填筑 →通信管

道施工 →石灰土底基层摊铺碾压→混合料基层摊铺碾压→养护→透层、封层处理→铺压底面层→铺压上面层→边坡防护及排水设施。

4.2.4 确定施工方法

1. 确定施工方法应遵循的基本原则

(1) 施工方法的技术先进性与经济合理性相统一;

(2) 兼顾施工机械的适用性和多用性,尽可能充分发挥施工机械的使用效率;

(3) 充分考虑施工单位的技术特点、技术水平、劳动组织形式、施工习惯以及可利用的现有条件等。

2. 拟定施工方法的重点

拟定施工方法应着重考虑影响整个单位工程施工的分部分项工程的施工方法。对于那些按常规做法和生产人员比较熟悉的分项工程可适当简单些,只要提出应该注意的特殊要点和解决措施即可。对于下列项目,在拟定施工方法时则应详细、具体,必要时还应编制单项作业设计:

(1) 工程量大、在单位工程中占重要地位、对工程质量起关键作用的分部分项工程。如基础工程、钢筋混凝土等隐蔽工程;

(2) 施工技术比较复杂、施工难度比较大或采用新技术、新工艺、新结构、新材料的分部分项工程,如采用钢结构预应力、不设缝的结构施工、软土地基等;

(3) 施工人员不太熟悉的特殊结构或专业性很强的特殊专业工程。如仿古建筑、灯塔及大型钢结构整体提升等。

3. 拟定施工方法的要求

(1) 拟定主要的操作过程和方法,包括施工机械的选择;

(2) 提出质量要求和达到质量要求的技术措施,指出可能产生的问题和防治措施;

(3) 提出季节性施工和降低成本的措施;

(4) 提出切实可行的安全施工措施。

4. 主要分部分项工程的施工方法

(1) 测量放线

1) 选择确定测量仪器的种类、型号与数量;

2) 确定测量控制网的建立方法与要求;

3) 平面定位、标高控制、轴线引测、沉降观测的方法与精度要求;

4) 测量管理(如交验手续、复核、归档制度等)方法与要求。

(2) 土石方与地基处理工程

1) 确定土方开挖的方式、方法,机械型号及数量,开挖流向、层厚等;

2) 放坡要求或土壁支撑方法、排降水方法及所需设备;

3) 确定石方的爆破方法及所需机具、材料;

4) 制定土石方的调配、存放及处理方法;

5）确定土石方填筑的方法及所需机具、质量要求；

6）地基处理方法及相应的材料、机具设备等。

（3）基础工程

1）基础的垫层、基础砌筑或混凝土基础的施工方法与技术要求；

2）大体积混凝土基础的浇筑方案、设备选择及防裂措施；

3）桩基础的施工方法及施工机械选择；

4）地下防水的施工方法与技术要求等。

（4）混凝土结构工程

1）钢筋加工、连接、运输及安装的方法与要求；

2）模板种类、数量及构造，安装、拆除方法，隔离剂的选用；

3）混凝土拌制和运输方法、施工缝设置、浇筑顺序和方法、分层高度、工作班次、振捣方法和养护制度等。

（5）结构安装工程

1）根据选用的机械设备确定吊装方法，安排吊装顺序、机械布置及行驶路线；

2）构件的制作及拼装、运输、装卸、堆放方法及场地要求；

3）确定机具、设备型号及数量，提出对道路的要求等。

（6）现场垂直、水平运输

1）计算垂直运输量(有标准层的要确定标准层的运输量)；

2）确定不同施工阶段垂直运输及水平运输方式、设备的型号及数量、配套使用的专用工具设备(如砖车、砖笼、吊斗、混凝土布料架、卸料平台等)；

3）确定地面和楼层上水平运输的行驶路线，合理地布置垂直运输设施的位置；

4）综合安排各种垂直运输设施的任务和服务范围。

（7）脚手架及安全防护

1）确定各阶段脚手架的类型，搭设方式，构造要求及搭设、使用要求；

2）确定安全网及防护棚等设置。

（8）屋面及装饰装修工程

1）屋面材料的运输方式，屋面各分项工程的施工操作及质量要求；

2）装饰装修材料的运输及储存方式；

3）装饰装修工艺流程和劳动组织、流水方法；

4）主要装饰装修分项工程的操作方法及质量要求等。

（9）特殊项目

1）采用新结构、新材料、新技术、新工艺；

2）高耸或大跨结构、重型构件以及水下施工、深基础和软弱地基等项目，应按专项单独选择施工方案；

3）对深基坑支护、降水以及爆破、高大或重要模板及支架、脚手架、大体积混凝土、结构吊装等，应进行相应的设计计算，以保证方案的安全性和可靠性。

4.2.5　选择施工机械

施工工艺、施工方法和所用施工机械密切相关，施工机械的选择是确定施工方案的一个重要环节。施工机械选择的内容主要是施工机械的类型、型号、数量，选择原则一般是可行、经济、合理三点，并综合考虑：①适用性（根据工程特点选择适宜主导工程的施工机械）；②协调性（相互配套，生产能力应协调）；③通用性（种类和型号应尽可能少，适当利用多功能机械）；④经济性（首选单位现有机械，租赁或购买应进行技术经济分析）。

（1）选择施工机械时，应首先根据工程特点选择适宜的主导工程的施工机械。如在选择装配式单层工业厂房结构安装用的起重机类型时，当工程量较大而集中时，可以采用生产率较高的塔式起重机；但当工程量较小或工程量虽大却相当分散时，则采用机动性较好的自行杆式起重机较经济；在选择起重机型号时，应使起重机在起重臂外伸长度一定的条件下能适应起重量及安装高度的要求。

（2）各种辅助机械或运输工具应与主导机械的生产能力协调配套，以充分发挥主导机械的效率，如土方工程中采用汽车运土时，汽车的载重量应为挖土机斗容量的整数倍，汽车的数量要保证挖土机连续工作。

（3）在同一工地上，应力求建筑机械的种类和型号尽可能少一些，以利于机械管理。为此，当工程量大且分散时，宜采用多用途机械施工。

（4）机械选择应考虑充分发挥施工单位现有机械的能力。当本单位的机械能力不能满足工程需要时，则应购置或租赁所需新型机械或多用途机械，并进行必要的技术经济分析。

4.3　施工进度计划和资源需要量计划

单位工程施工进度计划是施工组织设计的主要部分，是具体指导施工的计划文件。其任务是在施工方案的基础上，根据规定工期和各种资源供应条件，确定单位工程中各工序的合理施工顺序和施工时间及其搭接关系，并用图表的形式表达出来，指导和保证单位工程在规定期限内有条不紊地完成施工任务。在单位工程施工进度计划正式编制完后，就可以编制各项资源需要量计划，用以确定建筑工地的临时设施，并按计划供应材料、调配劳动力。

4.3.1　单位工程施工进度计划的作用

单位工程施工进度计划的作用有：①控制单位工程的施工进度，保证在规定工期内完成符合质量要求的工程施工任务；②确定单位工程各施工过程的施工顺序、施工持续时间以及相互间的逻辑关系、土木工程与其他专业工程间的配合关系；③为编制季度、月度生产作业计划提供依据；④作为制定各项资源（劳动力、材料、机械设备）的需要量计划和编制施工准备工作计划的依据。

4.3.2 施工进度计划的编制依据

编制单位工程施工进度计划的主要依据有：①经过审批的建筑总平面图和单位工程全套施工图以及地质图、地形图、工艺设计图、设备图及其基础图，采用的各种标准图等图样及技术资料；②施工组织总设计对本单位工程的有关规定；③施工工期要求及开、竣工日期；④施工条件、劳动力、材料、构件及机械的供应条件、分包单位的情况等；⑤主要分部、分项工程的施工方案，包括施工程序、施工段划分、施工流向、施工顺序、施工方法、技术及组织措施等；⑥工程量清单、施工图预算、劳动定额、机械台班定额；⑦施工合同及其他技术资料等。

4.3.3 施工进度计划的组成及表示方法

单位工程施工进度计划通常按照一定的格式编制，一般应包括各分部分项工程名称、工程量、劳动量、每天安排的人数和施工时间等内容。

表 4-1 是常用的横道图形式表示的单位工程施工进度计划表。

单位工程施工进度计划横道图表　　　　　表 4-1

序号	分部分项工程名称	工程量		时间定额	劳动量		需用机械		每天工作班次	每班工人数	工作天数	施工进度		
		单位	数量		工种	工日数	机械名称	台班数量				×年×月		
												10	20	30

施工进度计划表一般由两部分组成，左边部分是工程项目和有关施工参数，列出各种计算数据，如分部分项工程名称、相应的工程量、采用的定额、需要的劳动量或机械台班数、每天施工的工人数和施工的天数等；右边部分是时间图表部分，即规定的开工之日起到竣工之日止的日历表。下面是以左面表格的计算数据设计的进度指示图表，用线条形象表现各个分部分项工程的施工进度、各个分部分项工程阶段的工期和整个单位工程的总工期；且综合反映出各分部分项工程相互关系和各个工作队在时间上和空间上开展工作的相互配合关系；有时在其下方汇总每天资源需要量，绘出资源需要量的动态曲线。

4.3.4 单位工程施工进度计划的编制步骤

单位工程施工进度计划编制的一般方法是：根据流水作业原理，首先编制各分部工程进度计划，然后搭接各分部工程流水，并合理安排其他不便组织流水施工的某些工序，形成单位工程进度计划。施工进度计划编制的主要步骤和方法如下：

1. 确定施工过程

编制进度计划时，首先应按照图纸和施工顺序将拟建单位工程的各个施工过程列出，并结合施工方法、施工条件、劳动组织等因素，经适当调整使其成为编制施工进度计划所需的施工过程。

分部分项工程项目划分的粗细程度应根据进度计划的具体要求而定。对于控制性进度计划，项目的划分可粗一些，一般只列出分部工程的名称；而对于实施性的进度计划，项目应划分得细一些，特别是对工期有影响的项目不能漏项，以使施工进度能切实指导施工。

为使进度计划能简明清晰，原则上在可能条件下应尽量减少工程项目的数目，避免划分过细而重点不明，一般可将某些分项工程合并到主要分项工程中去，如门窗安装可以并入砌墙工程。项目的合并比较灵活，应根据具体情况进行，一般在合并项目时考虑施工过程在施工工艺上是否接近、施工组织上是否有联系等，如对工业厂房中的钢窗油漆、钢门油漆、钢支撑油漆、钢楼梯油漆合并为钢构件油漆一个施工过程，就是对在同一时间内、由同一工程队施工的项目进行合并；对于次要的、零星的分项工程可合并成一项，以"其他工程"单独列出，在计算劳动量时统一进行考虑。

分部分项工程项目的划分要结合所选择的施工方案。由于施工方案和施工方法的不同，会影响工程项目的名称、数量及施工顺序。因此，工程项目划分应与所选定的施工方法相协调一致。具体采用的施工过程名称可参考现行定额手册上的项目名称，拟建工程所有施工过程应大致按施工顺序的先后进行排列，填在施工进度计划表的有关栏目内。

通常施工进度计划表中只列出直接在建筑物或构筑物上进行施工的砌筑安装类施工过程，构件制作和运输等则不需列出，如门窗制作和运输等制备、运输类施工过程；但当某些构件采用现场就地预制方案，单独占工期，且对其他分部分项工程施工有影响或其运输工作需与其他分部分项工程施工密切配合（如楼板随运随吊），也需将其列入。

施工过程的划分还与所选择的施工方案有关。如结构安装工程，若采用分件吊装法，施工过程的名称、数量和内容及其安装顺序应按照构件来确定；若采用综合吊装法，施工过程应按施工单元（节间、区段）来确定。

水、暖、电、卫工程和设备安装工程通常由专业机构负责施工，在施工进度计划中只需反映出这些工程与土建工程如何配合即可，不必细分。

总之，施工过程的划分要粗细得当，单位工程施工进度计划的工程项目不宜列得过多（一般小于 40 项为宜）。工程项目应包括从准备工作在内的全部土建工程，也包括有关的配合工程（如水电安装等），切忌漏项或重复。

2. 计算工程量

工程量计算应严格按照施工图纸和工程量计算规则进行。如编制施工进度计划时已有了预算文件，可以直接采用施工图预算的数据，但应注意有些项目的工程量应按实际情况作适当调整。如计算柱基土方工程量时，应根据土壤级别和采用施工方法（单独基坑开挖、基槽开挖还是基坑开挖，放边坡还是加设支撑）等实际情况进行计算。计算工程量时应注意：

（1）各分部分项工程的工程量计算单位应与现行消耗量定额中所规定的单位相一致，以便计算劳动量、材料、机械台班消耗量时直接套用，避免进行换算，产生错误；

（2）结合分部分项工程施工方法和技术安全的要求计算工程量，例如，土方开挖应考虑土的类别、挖土的方法、边坡护坡处理和地下水的情况；

（3）结合施工组织的要求分层、分段的计算工程量；

（4）直接采用预算文件中的工程量时，应按施工过程的划分情况将预算文件中有关项目的工程量汇总。如"砌筑砖墙"一项要将预算中按内墙、外墙，按不同墙厚、不同砌筑砂浆及强度等级计算的工程量进行汇总。

3. 确定劳动量和机械台班数量

劳动量和机械台班数量应当根据各分部分项工程的工程量、施工方法和现行的施工定额，并结合当时当地的具体情况加以确定。一般应按式（4-1）计算。

$$P = \frac{Q}{S} \tag{4-1a}$$

$$或 \quad P = Q \cdot H \tag{4-1b}$$

式中　P——完成某施工过程所需的劳动量（工日）或机械台班数量（台班）；

　　　Q——完成某施工过程所需的工程量（m^3、m^2、t…）；

　　　S——某施工过程所采用的产量定额（m^3、m^2、t…/工日或台班）；

　　　H——某施工过程所采用的时间定额（工日或台班/m^3、m^2、t…）。

对于"其他工程"项目的劳动量或机械台班量，可根据合并项目的实际情况进行计算。实践中常根据工程特点，结合工地和施工单位的具体情况，以总劳动量的一定比例估算，一般约占总劳动量的 $10\% \sim 20\%$；水暖电卫、设备安装的工程项目，一般不计算劳动量和机械台班需要量，仅安排与一般土建工程配合的进度。

此外，在使用消耗量定额时，常遇到定额所列项目工作内容与编制施工进度计划所列项目不一致的情况，应计算综合劳动定额。

当某一分项工程是由若干项具有同一性质而不同类型的分项工程合并而成时，应根据各个不同分项工程的劳动定额和工程量，按合并前后总劳动量不变的原则，计算合并后的综合劳动定额，见式（4-2）。

$$S = \frac{\sum\limits_{i}^{n} Q_i}{\dfrac{Q_1}{S_1} + \dfrac{Q_2}{S_2} + \cdots + \dfrac{Q_n}{S_n}} \tag{4-2a}$$

$$或 \quad S = \frac{\sum Q_i}{Q_1 H_1 + Q_2 H_2 + \cdots + Q_n H_n} \tag{4-2b}$$

式中　　　　　　S——综合产量定额；

Q_1、Q_2、$\cdots$、Q_n——合并前各分项工程的工程量；

S_1、S_2、$\cdots$、S_n——合并前各分项工程的产量定额；

H_1、H_2、$\cdots$、H_n——合并前各分项工程的时间定额。

实际使用时应特别注意合并前各分项工程的工作内容和工程量单位。

【例 4-1】 钢门窗油漆项是由钢门油漆和钢窗油漆两项合并而成，已知钢门面积 Q_1 为 368.52m²，钢窗面积 Q_2 为 889.66m²，钢门油漆的产量定额 S_1 为 11.2m²/工日，钢窗油漆的产量定额 S_2 为 14.63m²/工日，则综合产量定额为：

$$S = \frac{Q_1 + Q_2}{\dfrac{Q_1}{S_1} + \dfrac{Q_2}{S_2}} = \frac{368.52 + 889.66}{\dfrac{368.52}{11.2} + \dfrac{889.66}{14.63}} = 13.43\text{m}^2/\text{工日}$$

当合并前各分项工程的工作内容和工程量单位不完全一致时，公式中 $\sum\limits_{i=1}^{n} Q_i$ 应取与综合劳动定额单位一致且工作内容也基本一致的各分项工程量之和；综合劳动定额单位应与合并前某分项工程之一的劳动定额单位一致，应视使用方便而定。

【例 4-2】 某预制钢筋混凝土构件工程，其施工参数如表 4-2 所示，求各分项工程合并后的综合劳动定额。

某钢筋混凝土预制构件施工参数　　　　　　　表 4-2

施工过程		工程量		劳动定额	
		数量	单位	数量	单位
A	安装模板	165	10m²	2.67	工日/10m²
B	绑扎钢筋	19.5	t	15.5	工日/t
C	浇混凝土	150	m³	1.9	工日/m³

【解】 因合并前各分项工程的工作内容和定额单位不同，所以其工程量不能相加。由于是钢筋混凝土工程，合并后的综合定额以混凝土工程单位应用方便。

表 4-2 中劳动定额为时间定额，用式(4-2b)计算可得综合产量定额为：

$$S = \frac{\sum Q_i}{Q_1 H_1 + Q_2 H_2 + \cdots + Q_n H_n}$$

$$= \frac{150}{165 \times 2.67 + 19.5 \times 15.5 + 150 \times 1.90} = 0.146\text{m}^3/\text{工日}$$

该综合劳动定额所表示的意义为：每工日完成 0.146m³ 混凝土的浇筑，并包括该部分混凝土的模板安装和绑扎钢筋的工作。

当进度计划中的某个项目采用了尚未列入现行定额的新技术或特殊的施工方法，计算时可参考类似项目的定额或经过实际测算确定其临时定额。

4. 确定各施工过程的工作时间

确定施工过程的工作时间即计算各施工过程的流水节拍，详见第 2 章相关内容，一般可根据可配备的人数或机械台数计算工作天数，或者根据工期的要求倒排进度。

工作班制一般宜采用一班制，因其能利用自然光照，适宜于露天和空中交叉作业，有利于保证安全施工和工程质量。若采用二班或三班制工作可加快施工进度，并且能够使施工机械得到更充分的利用，但会引起技术监督、工人福利以及作业地点照明等方面费用的增加。一般来说，应该尽量把辅助工作和准备工作安排在第二班内，以使主要的施工过程在第二天白班能够顺利地进行。只有那些使用大型机械的主要施工过程(如使用大型挖土机挖土、使用大型的起重机安装构件等)，为了充分发挥机械的效率才有必要采用二班制工作。三班制工作应尽量避免，因为在这种情况下，施工机械的检查和维修无法进行，不能保证机械经常处在完好的状态。三班制施工只有在以下几种情况下采用：①工艺要求不能间断的工作；②从安全施工角度考虑，应尽快完成的工作；③工期有特殊要求的工作。

对于机械化施工过程，如果计算出的工作天数与所要求的时间相比太长或太短，则可以增加或减少机械的台数，从而调整工作的持续时间。

在安排每班的劳动人数时，必须考虑：①最小劳动组合；②最小工作面；③可能安排的人数。

①最小劳动组合是指某一分项工程要进行正常施工所必需的最低限度的人数及其合理组合；②最小工作面是指每一个工人或一个班组施工时必须要有足够的工作面，才能发挥生产效率，保证施工安全；③可能安排的人数是指根据现场实际情况(如劳动力供应情况、技工技术等级及人数等)，在最少必需人数和最多可能人数的范围之内，安排的工人人数。如果在最小工作面的情况下，安排了最多人数仍不能满足工期要求时，则组织两班制或三班制施工。

5. 编制施工进度计划的初始方案

编制施工进度计划时，必须考虑各分部分项工程的合理施工顺序，尽可能组织立体交叉流水施工，力求主导工序主要工种的工作队连续施工。

(1) 划分主要施工阶段(分部工程)，组织流水施工。首先安排主导施工过程的进度，使其尽可能连续施工，其他穿插施工过程尽可能与它配合、穿插、搭接或平行作业。

(2) 配合主要施工阶段，安排其他施工阶段(分部工程)的施工进度。

(3) 按照工艺的合理性和工序间尽量穿插、搭接或平行作业方法，将各施工阶段(分部工程)的流水作业图表最大限度地搭接起来，即得单位工程施工进度计划的初始方案。

所编制的施工进度计划初始方案，必须满足合同规定的工期要求，否则应进行调整。此外还要保证工程质量和安全文明施工，尽量使资源的需要量均衡，避免出现过大的峰值。

例如，多层混合结构工程主体结构施工是该工程的主导分部工程，应先安排该分部工程中的主导分项工程，即砌墙和吊装楼板的施工进度；而基础工程和装饰等分部工程应服从主体工程的施工进度。当在安排基础和装饰分

101

部工程进度时，挖基础土方和顶墙抹灰又分别是该两分部工程中的主导施工过程，也应优先考虑，然后再安排其他分项工程的施工进度。

6. 检查、调整和优化施工进度计划表

编制施工进度时需考虑的因素很多，初步编制时往往会顾此失彼，难以统筹全局。因此初步进度仅起框架作用，编制后还应进行检查、平衡和调整。一般应检查以下几项：

(1) 各分部分项工程的施工时间和施工顺序的安排是否合理；

(2) 安排的工期是否满足规定要求；

(3) 所安排的劳动力、施工机械和各种材料供应是否能满足，资源使用是否均衡，主要施工机械是否充分发挥作用及利用的合理性等。

经过检查，对不符合要求的部分，可采用增加或缩短某些分项工程的施工时间；在施工顺序允许的情况下，将某些分项工程的施工时间向前或向后移动；必要时，改变施工方法或施工组织等方法进行调整。调整某一分项工程时要注意它对其他分项工程的影响。进而作资源和工期优化，使进度计划更加合理，形成最终进度计划表。

通过调整可使劳动力、材料的需要量更为均衡，主要施工机械的利用更为合理，这样可避免或减少短期内资源的过分集中。无论是整个单位工程还是各个分部工程，其资源消耗都应力求均衡。

资源消耗的均衡程度常用资源动态图和资源不均衡系数 K 来表示。资源动态图是把单位时间内各施工过程消耗某一种资源的数量进行累计，然后把单位时间内所消耗的总量按统一比例绘制而成的图形，考察该图形的离散程度，离散程度越小，表明该资源的消耗比较均衡；资源不均衡系数 K 一般按式(4-3)计算，K 值一般控制在 1.5 左右为最佳，当有几个单位施工工程统一调配资源时该值可适当放宽。

$$K = \frac{R_{\max}}{\overline{R}} \tag{4-3}$$

式中　$R_{\max}$——单位时间内资源消耗的最大值；

　　　$\overline{R}$——该施工期内资源消耗的平均值。

4.3.5　单位工程资源需要量计划

单位工程施工进度计划确定以后，根据施工图样、工程量数据、施工方案、施工进度计划等有关技术资料，编制劳动力、材料、构配件、施工机械、器具等资源需要量计划，用于确定建筑工地的临时设施，并按照施工先后顺序，组织材料的采购、运输、现场的堆放、调配劳动力和大型设备的进场。资源需要量计划不仅是为了明确各种技术工人和各种技术物资的需要量，还是做好劳动力与物资的供应、平衡、调度、落实的依据，也是施工单位编制月、季生产作业计划的主要依据之一。

1. 劳动力需要量计划

劳动力需要量计划主要是调配劳动力、安排生活和福利设施。其编制方法是将单位工程施工进度计划表内所列各施工过程中每单位时间（天、旬、月）所需工人人数，按工种汇总列成表格，送交劳动人事部门统一调配，其表格形式如表4-3所示。

××工程劳动力需要量计划表　　　　　　　　　　　　　表4-3

项次	工程名称	人数	月份									
			1	2	3	4	5	6	7	8	9	…

2. 主要建筑材料、构配件需要量计划

该需要量计划主要为组织备料，掌握备料情况，确定现场仓库、堆场面积，组织运输之用。其编制方法是将施工预算中或进度计划表中的工程量，按材料名称、规格、使用时间并考虑材料、构配件的贮存和损耗情况进行统计并汇总成表，送交材料供应部门和有关部门组织采购和运输，其表格形式如表4-4所示。

××工程主要建筑材料、构配件需要量计划表　　　　　　表4-4

项次	材料及构配件名称	单位	数量	规格	月份							
					1	2	3	4	5	6	7	…

3. 机械、设备需要量计划

根据所采用的施工方案和施工进度计划，确定施工机械和设备的型号、规格、数量、进、退场时间等，汇总成表。在安排施工机械进场日期时，有些大型机械应考虑铺设轨道及安装时间，如塔式起重机、打桩机械等，其表格形式如表4-5所示。

××工程机械、设备需要量计划　　　　　　　　　　　　表4-5

项次	机械名称	数量	型号	月份							
				1	2	3	4	5	6	7	…

4. 构件和半成品需要量计划

构件和半成品需要量计划，是根据施工图纸和施工进度计划表而编制，其作用是落实加工订货单位，按照所需规格、数量、时间组织加工和运输，并确定仓库或堆场面积，其表格形式如表4-6所示。

103

××工程构件、半成品需要量计划 表 4-6

项次	品名	图号型号	规格	需要量		使用部位	加工单位	供应时间
				单位	数量			

4.4 施工平面图设计

单位工程施工平面图是用以指导单位工程施工的现场平面布置图，它涉及与单位工程有关的空间问题，是施工总平面图的组成部分。单位工程施工平面图设计的主要依据是单位工程的施工方案和施工进度计划，一般按 1：500～1：200 的比例绘制。

4.4.1 单位工程施工平面图的内容

单位工程施工平面图应标明以下内容：①施工现场内已建和拟建的地上和地面以下的一切建筑物、构筑物以及其他设施；②移动式起重机的开行路线、其他垂直运输机械以及其他施工机械的位置，如施工电梯、混凝土搅拌机等；③地形等高线、测量放线标志桩位置和有关取弃土方的场地位置；④为施工服务的一切临时设施的位置和要求的面积，主要有工地内外的运输道路，各种材料、半成品、构配件以及工艺设备堆放的仓库和场地；⑤装配式结构构件制作和拼装的地点；⑥生产、行政管理的临时建筑，如办公室、工作车间等；⑦临时供水、供电、排水的各种管线；⑧一切安全和消防设施的位置，如高压线、消火栓的布置位置等。

上述内容，应根据工程规模、施工条件和生产需要适当增减。例如当现场采用商品混凝土时，混凝土的制备往往在场外进行，则施工现场的临时堆场较为简单；但现场的临时道路要求相对高一些，路面必须硬化，宽度应在6m 以上，方便会车。当工程规模较大，各施工阶段或分部工程施工也较复杂时，其施工平面图应根据情况分阶段地进行设计。

4.4.2 单位工程施工平面图设计的依据

单位工程施工平面图应在施工设计人员踏勘现场、取得现场第一手资料的基础上，根据施工方案和施工进度计划的要求进行设计。设计时依据的资料有以下几方面：

1. 建设地区的原始资料

（1）自然条件调查资料，包括气象、地形、工程地质及水文等资料。这主要用以解决由于气候（冰冻、洪水、大风、冰雹等）、运输等因素而带来的相关问题，也用于布置地表水和地下水的排水沟，确定易燃、易爆及有碍人体健康设施的位置，安排冬、雨期施工期间所需设施的地点。

（2）建设地域的竖向设计资料和土方平衡图。这用以考虑水、电管线的布置和安排土方的填挖及弃土、取土位置。

（3）建设单位及施工现场附近可供利用的房屋、场地、加工设备及生活设施。以此确定临时建筑及设施所需要的数量及其平面位置。

2. 设计资料

（1）建筑总平面图。这用以正确确定临时用房及其他设施位置，以及修建现场运输道路和解决现场排水问题等。

（2）一切已有和拟建的地下、地上管道位置。这用以确定原有管道的利用或拆除，以及新管线的敷设与其他工程的关系，并避免在拟建管道的位置上搭设临时设施。

3. 施工组织设计资料

（1）单位工程的施工方案、施工进度计划及劳动力、施工机械需要量计划等。这用以了解各施工阶段的情况，以利分阶段布置现场，如根据各阶段不同的施工方案确定各种施工机械的位置，根据吊装方案确定构件预制、堆场的布置等。

（2）各种材料、半成品、构件等的需用量计划。这用以确定仓库、材料堆放场地位置、面积及进行场地规划。

4.4.3 单位工程施工平面图的设计原则

设计单位工程施工平面图时，应考虑以下主要原则：

1. 在保证施工顺利进行的前提下尽量少占施工用地

少占施工用地除了在解决城市场地拥挤和少占农田方面有重要意义外，对于土木工程施工而言也减少了场内运输工作量和临时水电管网，既便于管理又减少了施工成本。

2. 在保证工程顺利进行的前提下尽量减少临时设施的用量

为了降低临时工程的施工费用，最有效的办法是尽量利用已有或拟建的房屋和各种管线为施工服务。另外，对必须建造的临时设施，应尽量采用装拆式或临时固定式。临时道路的选择方案应使土方量最小，临时水电系统的选择应使管网线路的长度为最短等。

3. 最大限度地缩短在场内的运输距离，特别是尽可能减少场内二次搬运

为了缩短运距，各种材料必须按计划分期分批地进场，以充分利用场地。合理安排生产流程、施工机械的位置，材料、半成品等的堆场应尽量布置在使用地点附近。合理地选择运输方式和工地运输道路的铺设，以保证各种建筑材料和其他资源的运距及转运次数为最少；在同等条件下，应优先减少楼面上的水平运输工作。

4. 要符合劳动保护、技术安全、消防和文明施工的要求

为了保证施工的顺利进行，要求场内道路畅通，机械设备所用的缆绳、电线以及排水沟、供水管等不得妨碍场内交通。易燃设施（如木工房、油漆材料仓

库等)和有碍人体健康的设施应满足消防、安全要求,并布置在空旷和下风处。主要的消防设施(如消火栓、灭火器等)应布置在易燃场所的显眼处并设有必要的标志。

4.4.4　单位工程施工平面图的设计步骤

单位工程施工平面图的设计步骤如图 4-6 所示。

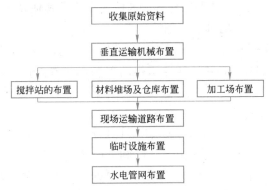

图 4-6　单位工程施工平面图设计的主要步骤

1. 起重运输机械的布置

起重运输机械的位置直接影响搅拌站、加工场及各种材料、构件的堆场或仓库等的位置和道路、临时设施及水、电管线的布置等,因此它是施工现场全局布置的中心环节,应首先确定。

单位工程所用垂直起重机械依其结构规格不同,其布置原则和要求也各有不同。

(1) 固定式起重机械

布置固定式垂直运输机械(如施工电梯、桅杆式和定点式塔式起重机等),主要应根据机械的运输能力、建筑物的平面形状、施工段划分情况、最大起升荷载和运输道路等情况来确定。其目的是充分发挥起重机械的工作能力,并使地面和楼面的运输量最小且施工方便。一般低、中层砖混结构多采用井架(或龙门架)卷扬机;中、高层结构或多栋房屋同时施工时,多以塔式起重机为主。

通常,当建筑物各部位高度相同时,布置在施工段界线附近;当建筑物高度不同或平面较复杂时,布置在高低跨分界处或拐角处;当建筑物为点式高层时,采用内爬式塔式起重机布置在建筑物中间或转角处,这些布置的特点是使各施工段上的楼面水平运输互不干扰且服务范围广。

(2) 轨道式起重机械

轨道式起重机械的布置,主要取决于建筑物的平面形状、大小和周围场地的具体情况。应尽量使起重机在工作幅度内能将建筑材料和构件直接运到建筑物的任何施工地点,避免出现运输死角。但有时难免会出现局部死角,应采取其他措施解决,轨道式起重机械的布置如图 4-7 所示。

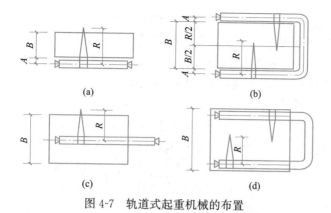

图 4-7　轨道式起重机械的布置

（3）自行杆式起重机械

自行杆式起重机主要用于结构安装工程。布置起重机的开行路线时，要考虑建（构）筑物的平面形状、构件的重量、安装高度、安装方法等；并在吊装各楼层及屋面的构件时考虑起重机的最小起重臂长的影响，避免起重臂与已建结构或构件相碰撞。起重机的开行路线宜尽量短，尤其对汽车式或轮胎式起重机，尽量使其停机一次能吊装足够多的构件，避免反复设置支腿影响吊装速度。

2. 搅拌机械的布置

考虑到运输和装卸料的方便，搅拌站、材料和构件堆场、仓库的位置应尽量靠近使用地点或在起重机服务范围以内，以缩短运距，避免二次搬运。根据施工阶段、施工部位和垂直运输机械类型的不同，布置中一般应遵循以下几点要求：

（1）当采用塔式起重机进行垂直运输时，材料和构件的堆场以及搅拌机出料口的位置，应布置在塔式起重机的有效服务范围内；当采用固定式垂直运输设施时，宜布置在垂直运输设施附近；当采用自行杆式起重机进行水平或垂直运输时，应沿起重机的开行路线布置，且其位置应在起重机的最大起重半径范围内。

（2）多种材料同时布置时，对大宗的、重量大的和先期使用的材料尽可能靠近使用地点或在垂直运输设施附近布置；而少量的、轻的、后期使用的材料则可布置得稍远一些。如砂、石、水泥等大宗材料，应尽量布置在搅拌站附近，使搅拌材料运至搅拌机的运距尽量短。

（3）按不同的施工阶段使用不同材料的特点，在其相同的位置上可先后布置不同的材料。

（4）施工现场仓库位置，应根据其材料使用地点优化确定。各种加工场位置，应根据加工品使用地点和不影响主要工种工程施工为原则，通过不同方案优选来确定。

3. 材料堆场和仓库的布置

材料堆场和仓库布置总的要求是：尽量方便施工，运输距离较短；避免二次搬运以提高生产效率和节约成本。应根据施工阶段、施工位置的标高和

107

使用时间的先后确定布置位置。一般有以下几种布置：

（1）建筑物基础和第一层施工时所用的材料应尽量布置在建筑物的附近，并根据基槽（坑）的深度、宽度和放坡坡度确定堆放地点，与基槽（坑）边缘保持一定的安全距离，以免造成土壁塌方事故。

（2）第二层以上施工用材料、构件等应布置在垂直运输机械附近。

（3）砂、石等大宗材料应布置在搅拌机附近且靠近道路。

（4）当多种材料同时布置时，对大宗的、重量较大的和先期使用的材料，应尽量靠近使用地点或垂直运输机械；少量的、较轻的和后期使用的则可布置在稍远处；对于易受潮、易燃和易损材料则应布置在仓库内。

（5）在同一位置上按不同施工阶段先后可堆放不同的材料。如，混合结构基础施工阶段，建筑物周围可堆放毛石，而在主体结构施工阶段时可在建筑物四周堆放砌块。

当材料和构配件仓库、堆场位置初步确定以后，应根据材料储备量按式（4-4）来确定所需面积。

$$A = \frac{Q \cdot T_n \cdot K}{T_Q \cdot q \cdot K_1} \tag{4-4}$$

式中　A——仓库、堆场所需的面积（m^2）；

Q——计算时间内材料的总需用量，可根据施工进度计划求得；

T_n——材料在现场的储备天数，应根据该材料的供应、运输和工期需要确定，也可查表4-7作为参考；

K——材料使用不均衡系数，可根据计算或查表4-7确定；

T_Q——计算进度内的时间，即该材料的使用时间；

q——该材料单位面积的平均储备量，可查表4-7和表4-8确定；

K_1——仓库、堆场的面积有效利用系数，可查表4-7和表4-8确定。

计算仓库面积的有关参考系数　　　　　　　　　表 4-7

序号	材料半成品	单位	储备天数 T_n	不均衡系数 K	每平方米储存定额 q	面积有效利用系数 K_1	仓库类别	备注
1	水泥	t	30～60	1.5	1.5～1.9	0.65	封闭	堆高12袋
2	砂石	m^3	30	1.4	1.2～2.5	0.7	露天	堆高2m
3	块石	m^3	15～30	1.5	1	0.7	露天	堆高1.2m
4	钢筋（R）	t	30～50	1.4	2～2.4	0.6	露天	堆高0.5m
5	钢筋（P）	t	30～50	1.4	0.8～1.2	0.6	露天	堆高1m
6	型钢	t	30～50	1.4	0.8～1.8	0.6	库或棚	堆高0.5m
7	木材	m^3	30～45	1.4	0.7～0.8	0.5	露天	堆高1m
8	门窗扇框	m^3	30	1.2	2～2.8	0.6	露天	堆高2m
9	木模板	m^3	3～7	1.4	4～5	0.7	露天	堆高2m
10	钢模板	m^3	3～7	1.4	1.2～2	0.7	露天	堆高1.8m
11	标准砖	千块	15～30	1.2	0.7～0.8	0.6	露天	堆高2m

钢筋和钢筋混凝土预制件堆存系数 表 4-8

序号	构件名称	堆置高度(层)	面积利用系数 K_1	每平方米面积堆置定额
1	梁类钢筋骨架	3	0.67~0.7	0.05t
2	板类钢筋骨架	3	0.5	0.04t
3	屋面板构件	5	0.6	0.23m²
4	空心板构件	6	0.6	0.4m²
5	大型梁类构件	1~2	0.6~0.7	0.28m²
6	小型梁类构件	6	0.6~0.7	0.8m²
7	其他构件	5	0.6~0.7	0.8m²

4. 现场作业车间的布置

单位工程现场作业车间主要包括钢筋加工车间、木工车间等,有时还需考虑金属结构加工车间和现场小型预制混凝土构件的场地。现场预制件加工场应布置在人员较少往来的偏僻地区,并要求靠近砂、石堆场和水泥仓库;加工场(如木工棚、钢筋加工棚)的位置,宜布置在建筑物四周稍远的位置,且应有一定的材料、成品的堆放场地,应远离办公、生活和服务性房屋,远离火种、火源和腐蚀性物质。

车间面积可按式(4-5)进行计算。

$$A = \frac{Q \cdot K}{T \cdot R \cdot K_1} \tag{4-5}$$

式中　A——作业车间的面积（m²）;

　　　Q——车间加工总量;

　　　K——生产不均衡系数,可查表 4-9 确定;

　　　R——产量指标,可查表 4-9 确定;

　　　T——生产时间,由进度确定;

　　　K_1——场地利用系数,可查表 4-9 确定。

现场作业车间面积参考指标 表 4-9

名称	单位	不均衡系数		R	K_1	备注
		年度	季度			
钢筋车间	t	1.5	1.5	0.37~0.55t/(m²·月)	0.6~0.7	作业棚20%
混凝土预制构件场	m²	1.3	1.3	屋架、屋面板 0.2m³/（m²·月）其他 0.5m³/（m²·月）	0.6	露天预制自然养护
粗木车间	m³	1.5~1.6	1.2~1.3	0.5~2m³/（m²·月）	0.6~0.7	作业棚20%
金属焊接场	t	1.5~1.6	1.2~1.3	0.6~0.7t/(m²·月)	0.6~0.7	露天

5. 场内临时施工道路的布置

为便于单位工程施工材料的水平运输,现场运输道路应按照材料和构件运输的需要,沿着仓库和堆场进行布置。应当尽可能利用永久性道路或先做好永久性道路的路基,在交工之前再铺路面。道路宽度要符合规定,通常单行道不应小于 3m，双行道不应小于 6m，具体取值可参考表 4-10。

现场道路宽度参考指标 表 4-10

序号	车辆类别及要求	道路宽度（m）	序号	车辆类别及要求	道路宽度（m）
1	汽车单行道	≥3.0	3	平板拖车单行道	≥4.0
2	汽车双行道	≥6.0	4	平板拖车双行道	≥8.0

布置时应保证车辆行驶通畅，有回转的可能，最好能围绕建筑物布置成一条环形道路，便于运输车辆回转、调头。若无条件布置成一条环形道路，应在适当的地点布置回车场。道路两侧一般应结合地形设置排水沟，沟深不小于 0.4m，底宽不小于 0.3m。

6. 办公和服务性临时设施的布置

单位工程临时设施涉及面积一般不大，办公用房一般包括办公室、门卫室；服务性用房一般包括开水房、食堂、浴室、厕所等。布置时应考虑使用方便，不妨碍施工，符合安全、防火的要求。

通常情况下，办公室的布置应靠近施工现场，宜设在工地出入口处；门卫、收发室宜布置在工地出入口处。要尽量利用已有设施或已建工程，必须修建时要经过计算，合理确定面积，以节约临时设施费用。

7. 布置水电管网

单位工程施工用水、用电管网的布置内容和要求，参见施工组织总设计中水、电管网的布置要求。

8. 绘制单位工程施工平面图

某单位工程施工平面布置图如图 4-8 所示。

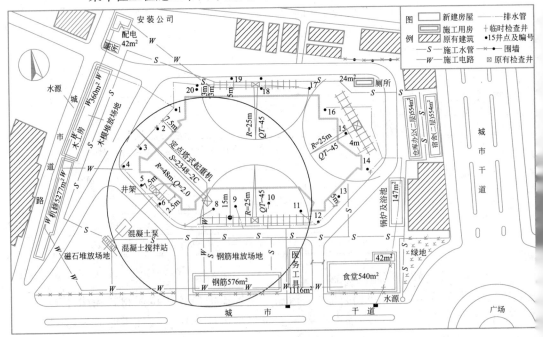

图 4-8 某单位工程施工平面布置图

4.5　施工技术组织措施

施工技术组织措施是指在技术和组织方面为保证工程质量、安全、节约和文明施工所采用的方法，制定这些方法是施工组织设计编制者带有创造性的工作。

4.5.1　保证工程质量措施

保证工程质量的关键是对施工组织设计工程对象经常发生的质量通病制定防治措施，可以按照各主要分部分项工程提出质量要求，也可以按照各工种工程提出质量要求。

保证工程质量的措施可从以下方面考虑：原始测量控制点和拟建工程定位测量的复核，轴线尺寸、标高测量、沉降观测等测量措施；为了确保地基承载能力符合设计规定的要求而应采取的有关技术组织措施；各种基础、地下结构、地下防水施工的质量措施；确保主体承重结构各主要施工过程的质量要求；各种材料、砂浆、混凝土等检验及使用要求；对新结构、新工艺、新材料、新技术的施工操作提出质量措施或要求；冬、雨期施工的质量措施；屋面防水施工、各种抹灰及装饰操作中，确保施工质量的技术措施；解决质量通病措施；执行施工质量的检查、验收制度；提出各分部工程的质量评定的目标计划等。

4.5.2　安全施工措施

安全施工措施应贯彻安全操作规程，对施工中可能发生的安全问题进行预测，有针对性地提出预防措施，以杜绝施工中伤亡事故的发生。安全施工措施主要包括：提出安全施工宣传、教育的具体措施，对新工人进场上岗前必须作安全教育及安全操作的培训；针对拟建工程地形、环境、自然气候、气象等情况，提出可能突然发生自然灾害时有关施工安全方面的若干措施及其具体的办法，以便减少损失，避免伤亡；提出易燃、易爆品严格管理及使用的安全技术措施；防火、消防措施；高温、有毒、有尘、有害气体环境下操作人员的安全要求和措施；土方、深基坑施工，高空、高架操作，结构吊装、上下垂直平行施工时的安全要求和措施；各种机械、机具安全操作要求；交通、车辆的安全管理；各处电气设备的安全管理及安全使用措施；狂风、暴雨、雷电等各种特殊天气发生前后的安全检查措施及安全维护制度。

4.5.3　降低成本措施

降低成本措施的制定应以施工预算为尺度，以企业(或基层施工单位)年度、季度降低成本计划和技术组织措施计划为依据进行编制。要针对工程施工中降低成本潜力大的(工程量大、有采取措施的可能性及有条件的)项目，充分研究，提出有效措施，并计算出经济效益和指标，加以评价、决策。这些措施必须是不影响质量且能保证安全的，它应考虑以下因素：

生产力水平是先进的；有精心施工的领导班子来合理组织施工生产活动；有合理的劳动组织，以保证劳动生产率的提高，减少总的用工数；物资管理的计划性，从采购、运输、现场管理及竣工材料回收等方面，最大限度地降低原材料、成品和半成品的成本；采用新技术、新工艺，以提高工效，降低材料耗用量，节约施工总费用；保证工程质量，减少返工损失；保证安全生产，减少事故频率，避免意外工伤事故带来的损失；提高机械利用率，减少机械费用开支；增收节支，减少施工管理费支出；工程建设提前完工，以节省各项费用开支。

降低成本措施应包括节约劳动力、材料费、机械设备费用、工具费、间接费及临时设施费等，应正确处理降低成本、提高质量和缩短工期三者的关系。

4.5.4　工期保证措施

工期保证措施主要是分析在进度方面可能遇到的风险，它对进度的影响程度、应对措施等。根据经验分析，施工项目进度控制遇到的风险主要有以下一些：工程变更、工程量增减、材料等物资供应不及时、劳动力供应不及时、机械供应不及时、效率不达标、自然条件干扰、拖欠工程款、分包影响等。控制措施可以从技术、组织、经济、合同四个方面进行考虑，但要抓住重点，如拖欠工程款问题，应制定有效的解决办法，尽量做到不因资金短缺而停工。

4.5.5　现场文明施工措施

现场文明施工措施主要包括施工现场的围挡与标牌，出入口与交通安全，道路畅通，场地平整；暂设工程的规划与搭设，办公室、更衣室、食堂、厕所的安排与环境卫生；各种材料、半成品、构件的堆放与管理；散碎材料、施工垃圾运输以及其他各种环境污染，如搅拌机冲洗废水、油漆废液、灰浆水等施工废水污染，运输土方与垃圾、散装材料运输等粉尘污染，打桩、搅拌混凝土、振捣混凝土等噪声污染；成品保护；工程机械保养与安全使用；确保安全与消防的措施。

4.5.6　环境保护措施

保护和改善施工现场环境是消除对外部干扰、保证施工顺利进行的需要，也是节约能源、保护人类生存环境和可持续发展的需要。建筑施工的污染主要包括：大气污染、建筑材料引起的空气污染、水污染、土壤污染、噪声污染和光污染。在施工时应当从材料、施工机械、施工方法等方面减少污染源，减轻污染损害。

4.6 施工组织设计的技术经济分析

4.6.1 技术经济分析的目的

技术经济分析要论证施工组织设计在技术上是否可行，在经济上是否合理；通过科学的计算和分析比较，选择技术经济效果最佳的方案，为不断改进和提高施工组织设计水平提供依据，为寻求增产节约途径和提高经济效益提供信息。技术经济分析既是单位工程施工组织设计的内容之一，也是必要的设计手段。

4.6.2 技术经济分析的基础要求

作技术经济分析时应全面分析，要对施工的技术方法、组织方法及经济效果进行分析，对施工的具体环节及全过程进行分析；应抓住施工方案、施工进度计划和施工平面图重点，并据此建立技术经济分析指标体系；要灵活运用定性方法和有针对性地应用定量方法，在做定量分析时，应对主要指标、辅助指标和综合指标区别对待；技术经济指标的名称、内容、统计口径应符合国家、行业和企业要求；应与施工项目目标一致。

4.6.3 技术经济指标体系

技术经济指标至少应包括：进度方面的指标，如总工期、分部工程工期等；质量方面的指标，如工程整体质量标准、分部分项工程的质量标准；成本方面的指标，如工程总造价或总成本、单位工程成本、成本降低率；资源消耗方面的指标，如总用工量、单位工程量（或其他量纲）、用工量、平均劳动力投入量、高峰人数、劳动力不均衡系数、主要材料消耗量及节约量、主要大型机械使用数量及台班量；其他指标，如施工机械化水平等。

（1）单位工程的施工工期是指：单位工程从破土动工之日起到竣工之日止，这期间的全部时间天数，施工工期指标为

$$工期提前（或拖延）时间＝工程的定额工期－计划的施工工期 \qquad (4\text{-}6)$$

（2）单位建筑面积成本是人工、材料、机械和管理等的综合货币指标，单位建筑面积成本指标为

$$单位建筑面积成本＝\frac{施工实际消耗总费用}{建筑面积} \qquad (4\text{-}7)$$

（3）劳动生产率指标通常用单位建筑面积用工指标来反映劳动力的使用和消耗水平，单位建筑面积用工指标为

$$单位建筑面积用工＝\frac{用工总数}{建筑面积} \qquad (4\text{-}8)$$

（4）在考虑施工方案、施工方法时，应尽量提高施工的机械化程度，施工的机械化程度指标为

$$施工的机械化程度=\frac{机械完成的实物量}{全部实物量}\times100\% \qquad (4-9a)$$

$$单位建筑面积大型机械费=\frac{计划大型机械台班费}{建筑面积} \qquad (4-9b)$$

（5）降低成本指标是一个重要的经济指标，它综合地反映工程项目或分部工程由于采用施工方案不同、技术措施不同而产生的不同经济效果，降低成本指标为

$$降低成本率=\frac{降低成本率}{预算成本}\times100\% \qquad (4-10a)$$

$$减低成本额=预算成本-计划成本 \qquad (4-10b)$$

（6）主要材料是指钢材、木材、水泥等，在编制施工组织设计中，选择施工方案及施工方法时，应根据提出的技术措施计算出主要材料的节约用量，主要材料节约指标为

$$主要材料节约量=预算用量-计划用量 \qquad (4-11a)$$

$$主要材料节约率=\frac{主要材料节约量额}{主要材料预算用量}\times100\% \qquad (4-11b)$$

4.6.4 单位工程施工组织设计技术经济分析的重点

技术经济分析应围绕质量、工期、成本三个主要方面。选用某一方案的原则是，在保证安全、质量能达到优良的前提下，工期合理、成本节约。

对于单位工程施工组织设计，不同的设计内容，应有不同的技术经济分析重点。基础工程应以土方工程、现浇混凝土、打桩、排水和防水、运输进度与工期为重点；结构工程应以垂直运输机械选择、流水段划分、劳动组织、现浇钢筋混凝土支模板、绑扎钢筋、混凝土浇筑与运输、脚手架选择、特殊分项工程施工方案和各项技术组织措施为重点；装饰工程应以施工顺序、质量保证措施、劳动组织、分工协作配合、节约材料及技术组织措施为重点。

小结及学习指导

1. 单位工程施工组织设计是由工程项目承建单位组织编制的，用以指导单位工程施工全过程活动的技术、组织、经济综合性文件，是报批开工、备工、备料、备机及申请预付工程款的基本文件，是施工单位对工程项目进行科学管理的基础，是施工单位有计划地开展施工，检查、控制工程进展情况的重要文件，是施工队组安排施工作业计划的主要依据，是协调各单位、各工种之间、各资源之间的空间布置和时间安排之间关系的依据，是建设单位配合施工、监理，落实工程款项的基本依据。

2. 施工方案是单位工程施工组织设计的核心，所确定的施工方案合理与否，不仅影响施工进度计划的安排和施工平面图的布置，而且将直接关系工程的施工安全、效率、质量、工期和技术经济效果。施工方案的设计主要包

括确定施工程序、确定单位工程施工起点和流向、确定施工顺序、合理选择施工机械和施工工艺方法及相应的技术组织措施等内容。

3. 单位工程施工进度计划是施工组织设计的主要部分，是具体指导施工的计划文件。其任务是在施工方案的基础上，根据规定工期和各种资源供应条件，确定单位工程中各工序的合理施工顺序和施工时间及其搭接关系，并用图表的形式表达出来，指导和保证单位工程在规定期限内有条不紊地完成施工任务。在单位工程施工进度计划正式编制完后，就可以编制各项资源需要量计划，用以确定建筑工地的临时设施，并按计划供应材料、调配劳动力。

4. 单位工程施工平面图是用以指导单位工程施工的现场平面布置图，它涉及与单位工程有关的空间问题，是施工总平面图的组成部分。单位工程施工平面图设计的主要依据是单位工程的施工方案和施工进度计划。

5. 技术经济分析要论证施工组织设计在技术上是否可行、在经济上是否合理；通过科学的计算和分析比较，选择技术经济效果最佳的方案，为不断改进和提高施工组织设计水平提供依据，为寻求增产节约途径和提高经济效益提供信息。技术经济分析既是单位工程施工组织设计的内容之一，也是必要的设计手段。

思考题

4-1 单位工程施工组织设计的内容有哪些？

4-2 简述单位工程施工组织设计的编制程序。

4-3 单位工程施工组织设计的编制依据有哪些？

4-4 施工方案的选择包含哪些内容？为什么说施工方案的选择是单位工程施工组织设计的核心工作？

4-5 单位工程施工进度计划的作用是什么？其编制依据有哪些？

4-6 简述单位工程施工进度计划编制的步骤。

4-7 单位工程资源需要量计划有哪些？

4-8 单位工程施工平面图包含的内容有哪些？

4-9 简述单位工程施工平面图设计的步骤和要求。

码 4-1　第 4 章思考题参考答案

思 考 题

第5章
施工组织总设计

本章知识点

【知识点】

　　施工组织总设计的内容与程序；施工部署的内容；施工总进度计划的编制原则与步骤；资源需要量计划的内容；施工总平面图设计的原则、依据、步骤。

【重点】

　　掌握施工部署的内容；掌握施工总进度计划的编制步骤；掌握施工总平面图的设计步骤。

【难点】

　　施工总进度计划的编制；施工总平面图的设计与绘制。

5.1　基本概念

5.1.1　施工组织总设计的对象与目的

1. 施工组织总设计的对象

施工组织总设计是以整个建设项目、群体工程或大型单项工程为对象，结合初步设计或者扩大初步设计图纸以及其他工程资料和现场施工条件而编制的，是建设项目或建筑群施工的全局性战略部署。

2. 施工组织总设计的目的

施工组织总设计是建设项目施工建设的重要纲领性文件，其目的是对整个建设项目进行全面规划和统筹安排。其通常由总承包单位或大型项目经理部的总工程师主持编制。

3. 施工组织总设计的作用

施工组织总设计的作用有如下几个方面：

（1）组织工地的施工并提供相应的科学方案的实施步骤；

（2）做好施工组织、材料的准备工作，为保证资源供应提供依据；

（3）向施工单位提供编制工程项目规划管理目标以及向单位工程施工组织设计提供依据；

（4）为确定设计方案的施工可行性和经济合理性提供依据；

（5）向建设单位编制工程建设计划提供依据。

5.1.2 施工组织总设计的内容

施工组织总设计的内容通常包括如下几个组成部分：

1. 编制依据

具体项目包括计划文件及有关合同；设计文件及有关资料；工程勘察和技术经济资料；现行规范、规程和有关技术规定；类似工程的施工组织总设计或参考资料。

2. 工程项目概况

工程项目概况是对整个建设项目的总说明和总分析，是对拟建建设项目或建筑群所做的一个简单扼要、突出重点的文字介绍，具体包括建设项目的特点，建设地区的自然、技术经济特点，施工条件等内容。

3. 施工部署

施工部署是施工组织总设计的核心，是编制施工总进度计划的前提。其重点要解决如下内容：确定各主要单位工程的施工展开程序和开、竣工日期；划分各施工单位的工程任务和施工区段，建立工程项目指挥系统；明确施工准备工作的规划。

4. 施工总进度计划

施工总进度计划是保证各个项目以及整个建设工程按期交付使用，最大限度降低成本，从而充分发挥投资效益的重要条件。其主要内容包括：编制说明；施工总进度计划表；分期分批施工工程的开工日期、完工日期以及工期一览表；资源需要量以及供应平衡表等。

5. 各项资源需要量计划

施工总进度计划编制以后，就可以编制各种主要资源需要量计划。各项资源需要量计划是做好劳动力以及物资供应、调度、平衡、落实的具体依据，其内容主要包括：劳动力需要量计划；材料、构件及半成品需要量计划；施工机具需要量计划三个方面。

6. 施工总平面图设计

施工总平面图是拟建项目施工场地的总布置图。其按照施工部署、施工方案和施工总进度计划的要求，将施工现场的交通道路、材料仓库、附属企业、临时房屋、临时水电管线等作出合理的规划布置，从而指导现场施工的开展。

7. 技术经济指标

施工组织总设计编制完成后，还需要对其技术经济进行分析评价，以便进行方案改进或多方案优选。一般常用的技术经济指标包括：施工工期、劳动生产率等。

8. 施工组织总设计的编制程序

根据上述几个组成内容的相互关系，施工组织总设计的编制程序框图如图 5-1 所示。

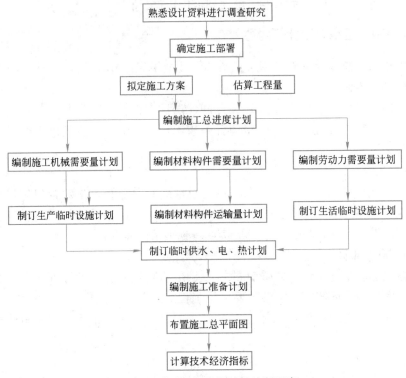

图 5-1　施工组织总设计的编制程序

5.2　工程概况

工程概况是对整个工程项目的总说明，也是编制施工组织总设计的初期准备工作，因此应简单扼要、重点突出，必要时可辅之以示意图、表格等。在工程概况中，一般应描述建设项目的特征、建设地区的自然条件、技术特点以及其他相关内容。

5.2.1　建设项目的特征

建设项目的特征是对拟建工程项目主要特征的描述。其主要涵盖如下几方面的内容：

（1）项目名称、建设地点、工程性质、建设总规模、总工期、分期分批投入使用的项目和期限；

（2）总占地面积、总建筑面积、体积、总投资额；

（3）建安工作量、工厂区和生活区的工作量；

（4）生产流程和工艺特点、建筑结构类型特点；

（5）工程组成及每个单项（单位）工程设计特点、新技术复杂程度；

（6）建筑总平面和各单项、单位工程设计交图日期以及拟定的设计方案、主要工种工程量等；

（7）明确总承包范围、各分包单位的承包范围；

（8）项目建设、勘察、设计和监理等相关单位情况；

（9）项目设计概况；

（10）施工合同或招标文件对项目施工的重点要求；

（11）其他应说明的情况。

为保证工程项目的各个基本情况的表述清晰，可列出汇总表予以统一表示（表5-1）。

工程量汇总表　　　　　　　　　　　　表 5-1

序号	单项工程名称	建筑结构特征	建筑面积（m²）	占地面积（m²）	层数	构筑物体积（m³）	备注
1							
2							
…							

5.2.2　建设地区的特征

建设地区的特征主要介绍建设地区的自然条件和技术经济条件，主要包括以下内容：

（1）气象、地形、地质和水文情况；

（2）地方建筑生产企业状况、劳动力配置、生活设施情况与机械设备情况等；

（3）工程建设材料、建筑构件的供应能力；

（4）当地的交通运输条件；

（5）工程施工所需的水、电、通信能力状况和其他条件等。

5.2.3　施工条件

施工条件主要包括：

（1）参与施工的各施工单位的生产能力以及技术装备、管理水平和主要设备；

（2）主要材料及特殊物资的供应情况；

（3）有关建设项目的决议、合同式协议；

（4）土地征用、居民搬迁、平整场地的要求等；

（5）项目施工区域地上、地下管线及相邻的地上、地下建（构）筑物情况；

（6）与项目施工有关的道路、河流等状况；

（7）其他与施工有关的因素。

5.3　施工部署

施工部署是施工组织总设计的核心内容，是在充分了解工程情况、施工条件和建设要求的基础上，对整个建设项目进行全面部署，同时解决工程施工中重大战略问题的全局性纲领性文件，其内容根据建设项目性质、规模和客观条件的不同而略有变化。

施工部署作为施工组织总设计的核心部分，通常应包含以下内容：

1. 项目组织体系

项目组织体系应明确各参建单位的任务分工，同时应明确各单位在项目中的负责人，具体如图 5-2 所示。

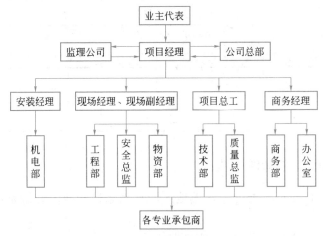

图 5-2　项目组织体系

2. 施工控制目标

施工控制目标为在合同文件中规定或施工组织纲要中承诺的建设项目的施工总目标，单项工程的工期、成本、质量、安全、环境等各项目标。其中工期、成本、质量的量化目标见表 5-2。

施工控制目标　　　　　　　　　　　　　　　　表 5-2

序号	单项工程名称	建筑面积（m²）	控制工期			控制成本（万元）	控制质量（合格或优良等）
			工期（月）	开工日期	竣工日期		
1							
2							
...							

3. 工程开展程序

依据建设项目的各项建设要求，确定合理的工程开展程序，既可以保证建设项目施工的连续性和均衡性，又可以减少临建工程，从而降低工程成本。

确定工程开展程序时，应考虑以下各方面：

（1）在保证工期的前提下，实行分期分批建设，减少临建项目的数量，保证工程施工的连续性和均衡性。按照各工程项目的重要程序，应优先安排的工程项目是：

1）因为生产工艺的要求，应当先期投入生产或起主导作用的工程项目；

2）工程量大、施工难度大、工期长的项目；

3）运输系统(道路)、动力系统(变电站)；

4）生产上需先期使用的车间、办公楼及部分家属宿舍等；

5）施工开展使用的工程项目，如各类构件加工厂、混凝土搅拌站等施工附属企业及其他为施工服务的临时设施。

而对于建设项目中工程量小、施工难度不大、周期较短而又不急于使用的辅助项目，可按照平衡项目穿插于主体工程的施工中进行，以起到连续施工的目的。

（2）所有工程项目均应当按照先地下后地上，先深后浅，先干线后支线的原则进行安排。

（3）要注意考虑季节对施工的影响。如基坑开挖、基础施工应尽量避开雨期，寒冷地区项目的大体积混凝土浇筑应尽量不在冬期进行。

4. 拟定主要项目的施工方案

针对建设项目中工程量大、工期长的主要单项或单位工程，如生产车间、高层建筑、桥梁等，特殊的分项工程如桩基、深基础、现浇或预制量大的结构工程、升板工程、滑模工程、大模板工程、大跨工程、重型构件吊装工程、高级装饰装修工程和特殊外墙饰面工程等，通常需要编制人员在原则上进行施工方案的确定。其目的是为了进行技术和资源的先期准备工作，同时也为了施工的顺利开展和施工现场的合理布置。

施工方案的内容包括：施工方案的确定、施工程序的确定和施工机械的选择等。

选择主要工程项目的施工方法时，应兼顾技术和经济的相互统一，尽量扩大工业化的施工范围，努力改进机械化施工的程度，从而减轻劳动强度。

在选择施工机械时，应注意考虑实现效率与经济相统一，应使得主要机械的性能既能符合工程的需要，又便于保养维修，具备经济上的合理性。同时辅助配套机械的性能应与主要施工机械相适应，以充分发挥主要施工机械的生产效率。此外，大型机械应能进行综合流水作业，减少其拆、装、运的次数。

需要注意的是，施工组织总设计中所指的拟订主要项目的施工方案与单位工程施工组织设计中要求的内容和深度是不同的。前者只需原则性地提出施工方案，对涉及全局性的一些问题拟订出解决思路，例如构件采用预制还是现浇、如何进行构件吊装、采用何种新工艺等。

5. 制订施工准备工作计划

施工准备工作的充分与否是顺利完成施工任务的重要保证，施工准备工作计划应依据已拟订的工程开展程序和主要项目的施工方案予以编制。其主要内容包括：

（1）安排好"三通一平"及其引入方案；

（2）安排好场地内排水、防洪方案；

（3）安排好生产和生活建设基地；

（4）安排建筑材料、成品、半成品的货源和运输、储存方式；

（5）安排现场区域内的测量工作，设置永久性测量标志，为定位放线做好准备；

（6）编制新技术、新材料、新工艺、新结构的试制试验计划和职工技术培训计划；

（7）安排冬期、雨期施工所需的特殊准备工作。

6. 根据项目总目标要求，确定项目分阶段（期）交付的计划

7. 确定项目分阶段（期）施工的合理顺序及空间组织

5.4　施工总进度计划

施工总进度计划是以建设项目的投产和交付使用的时间为目标，按照合理的施工部署和日程安排的建筑生产计划。其作用在于可以确定各个单项工程的施工期限，同时也为确定各种原材料的采购数量，人力资源的合理配置以及现场临建数量等提供依据。

施工总进度计划是施工组织总设计的主要内容，也是现场管理的中心内容。若施工总进度计划不够合理，将会导致人力、物力运用的不均衡，从而延误工期以致影响工程质量和施工安全。

5.4.1　施工总进度计划的编制原则

施工总进度计划的编制应遵循以下原则：

（1）保证拟建工程项目在规定期限内完成；

（2）合理优化配置各项资源；

（3）保证施工的连续性和均衡性；

（4）能够在一定程度上降低施工成本。

5.4.2　施工总进度计划的编制依据

（1）合同文件和相关要求；

（2）项目管理规划文件；

（3）资源条件、内部与外部约束条件。

5.4.3　施工总进度计划的内容

依据《建设工程项目管理规范》GB/T 50326—2017 规定，施工总进度计划的主要内容包括：

（1）编制说明；

（2）施工总进度计划表；

（3）分期分批施工工程的开工日期、完工日期及工期一览表；

（4）资源需要量及供应平衡表；

（5）进度保证措施。

施工总进度计划根据工程规模和编制条件的不同，编制的粗细有较大的不同。通常若拟建工程项目的规模庞大、技术复杂，则编制的计划较为粗略，而对于采用定型设计的民用建筑群体工程或工程项目少而施工条件比较明确的工程，则可以编制得较为详细一些。

5.4.4　施工总进度计划的编制步骤

（1）收集编制依据

主要的编制依据包括：施工合同、工期定额、前述的施工部署及其各项工程设计文件等，此外还应结合现场勘察、调研获取相关技术经济资料。

（2）划分项目并计算工程量

施工总进度计划的工程量一般综合性较大。通常在计算时可利用工程量清单（招标文件中的）或者施工图预算或报价表中的工程量，当然也可以由编制计划者自行计算。由于施工总进度计划主要起控制作用，因此项目的划分不宜过细，应按确定的主要工程项目的开展程序进行排列，而一些附属项目、辅助工程及小型项目则可予以合并处理。

若需自行计算时，可按照初步设计（或扩大初步设计）图纸并根据下列资料中某一项进行计算。

1）1万元、10万元投资工程量、劳动力及材料消耗扩大指标。在这种定额中，规定了某一种结构类型建筑，每1万元或10万元投资中劳动力、主要材料等消耗数量。对照设计图纸中的结构类型，即可求得拟建工程分项需要的劳动力和主要材料消耗数量。

2）概算指标或扩大结构定额。这两种定额都是在预算定额基础上的进一步扩大。概算指标是以建筑物每$100m^3$体积为单位，扩大结构定额则以每$100m^2$建筑面积为单位。查定额时，首先查阅与本建筑物结构类型、跨度、高度相类似的部分，然后查出这种建筑物按定额单位所需的劳动力和各项主要建筑材料的消耗数量，从而便可求得拟计算建筑物所需的劳动力和材料的消耗数量。

3）标准设计或已建成的类似建筑物。在缺乏上述几种定额的情况下，可采用标准设计或已建成的类似建筑物实际所消耗的劳动力及材料，加以类推，按比例估算。但是和拟建项目完全相同的已建工程是比较少见的，因此在采用已建成工程的资料时，可根据设计图纸与预算定额予以折算、调整。这种消耗指标都是各单位多年积累的经验数字，实际工作中常采用这种方法计算。

除房屋外，还必须计算出主要的全工地性工程的工程量，例如场地平整，铁路、道路和地下管线的长度等，这些可以根据建筑总平面图来进行计算。

将按上述方案计算出的工程量填入统一的工程量汇总表中，如表 5-3 所示。

123

工程项目工程量汇总表　　　　　　表 5-3

工程项目分类	工程名称	结构类型	建筑面积	幢数	概算投资	主要实物工程量							
						场地平整	土方工程	基础工程	砌体工程	钢筋混凝土工程	...	装饰工程	...
			1000m²	个	万元	1000m²	1000m³	1000m³	1000m²	1000m³		1000m²	
全工地性项目													
主体项目													
辅助项目													
永久住宅													
临建项目													
合计													

（3）确定各单位工程的施工期限

单位工程的施工期限应根据建筑类型、结构特征、施工方法、施工技术和管理水平、施工机械化程度、现场施工条件等因素综合考虑确定，要求施工期限控制在合同工期或目标工期以内，也可参考有关的工期定额来确定。无合同工期的工程，应按工期定额或类似工程的经验确定。

（4）安排各单位工程的搭接关系

安排各单位工程的搭接关系时，应以资源平衡和工艺需要为前提，主要协调好设备安装工程与土建工程之间的关系。安排时应注意以下原则：

1）分清主次、兼顾一般

分清主次是指在安排进度时应将工程量大、工期长、质量要求高、施工难度大，对整个项目的顺利完成起关键作用的主要工程项目予以优先安排，同时应兼顾其他工程项目，此外，同时开工的项目不宜过多，以免人力、物力资源分配不均衡。例如工业建设项目，一般先把主厂房的施工安排在比较好的季节，尽量避免冬、雨期施工。先由要求支付投产期限减去设备安装和试车时间来确定土建的竣工时间；然后，根据主厂房的竣工时间从后往前推算确定其开工时间。主厂房的施工时间确定后，可以安排保证主厂房投产的其他配套建筑物的施工时间。对具有相同结构特征的建筑物或主要工种要安排流水施工。为减少临建设施，能为施工服务的永久性建筑物应尽早开工。同一时间安排的工程不宜太集中，尽量使劳动力和物资技术资源的使用能均衡。为此，可如前所述，确定一些次要工程作为调剂工程，用以调节主要工程项目的施工进度。

2）符合连续、均衡施工要求

安排施工进度时，尽量使各工种施工人员、施工机具在全工地内连续施工，尽量实现劳动力、材料和施工机具的消耗量均衡，以利于劳动力的调度、原材料供应和临时设施的充分利用。为此，应尽可能在工程项目之间组织"群体流水施工"，即在具有相同特征的建筑物或主要工种工程之间组织流水施工，从而实现人力、材料和施工机具的综合平衡。此外，还应留出一些附属项目或零星项目作为调节项目，穿插在主要项目的流水施工中，以增强施工的连续性和均衡性。

3）满足生产工艺要求

对于一些工业建设项目，应处理好配套投产与施工建设间的关系，把工艺调试在前的、占用工期较长的、工程难度较大的排在前面，尽快发挥投资效应。对群体民用建筑，也要重视配套建设，并解决好供水、供电、市政、交通等问题。

4）考虑施工总进度计划对施工总平面空间布置的影响

工业建设项目的建筑总平面设计，应在满足有关规范要求的前提下，使各建筑物的布置尽量紧凑，以节省占地、缩短场内各种道路、管线的长度。这会使施工场地相对狭小，现场的布置有一定困难，所以除了采取一定的技术措施外，可以对相邻建筑物的开工时间和施工顺序适当调整，以减少相互干扰。在安排施工顺序时，还要注意使已完工程的生产和在建工程的施工互不妨碍，使得施工与生产均能取得一定成效。

5）安排施工进度

总进度计划表的格式可以根据各拟建项目的实际情况与编制经验来定。因为总进度主要是控制性的，为了在实施的过程中能够适应施工的变化，因此在编制的过程中不必编得过细，同时将若干幢次要建筑物合并成一项，以便于计划的调整和简化。

总进度计划可以采用横道图或网络图形式进行表达。施工总进度计划表形式如表 5-4 所示。

施工总进度计划 表 5-4

序号	单项工程名称	土建工程指标		设备安装指标		造价（万元）			进度计划							
		单位	数量	单位	数量	合计	建设工程	设备安装	××年				××年			
									一	二	三	四	一	二	三	四
1																
2																
...																
资源动态图	施工总进度计划的技术经济指标分析															

注：横道线应将土建工程、设备安装工程等以不同线条表示。

6）总进度计划的调整与修正

总进度计划表格绘制完成以后，应绘制出劳动力或者工作量动态曲线。动态曲线通常画在总进度计划表的下方，与施工进度采用统一时间坐标，其具体做法是将同一时期的劳动力或工作量相加，将其总和按一定比例画在该时期下方，最终形成一条闭合的曲线。若曲线上存在较大的波峰或波谷，则表明在该时间段内各种资源的需求量变化较大，需调整一些单位工程的施工速度或开竣工时间，以便消除波峰或者波谷，使得各个时期的工作量尽可能达到均衡。

5.5 资源需要量计划

资源需要量计划的编制必须依据前述已确定的施工部署和施工总进度计划，重点确定劳动力、材料、构配件、加工品和施工机具等主要资源的需要量和时间，以便组织供应，从而保证施工总进度计划的实现，同时也为场地布置及临时设施的规划准备提供依据。

5.5.1 综合劳动力和主要工种劳动力计划

综合劳动力和主要工种劳动力计划是组织劳动力进场和计算临时房屋所需要的。编制该计划的方法是：先根据工种工程量汇总表中分别列出的各个建筑物分工种的工程量，然后据此查出预算定额，便可得到各个建筑物几个主要工种的工日数，再根据总进度计划表中各个建筑物的开竣工时间，按照一般施工经验可大致估计出在某一段时间里所具体进行的工作，这样可以将定额中所查出的某工种的工日数平均分摊在这段时间内，就可以得到某一建筑物在某段时间内的平均劳动力数。同样方法可以计算出各个建筑物的主要工种在各个时期的平均工人数。在总进度计划表纵坐标方向上将各个建筑物同工种的人数叠加起来并连成一条曲线，即可得到某工种劳动力曲线图。其他几个工种也用同样方法绘成曲线图。从而便可依据劳动力曲线图，列出各主要工种劳动力需要量计划表。最后再依据主要工种劳动力曲线图和计划表，得到综合劳动力曲线图和计划表。

综合劳动力计划表格式如表 5-5 所示。

综合劳动力需要量计划表 表 5-5

序号	工种名称	劳动量（工日）	施工高峰需用人数	××年				××年				现有人数	多余(+)或不足(－)
				一	二	三	四	一	二	三	四		
1													
2													
...													

注：1. 工种名称除生产工人外，应包括附属辅助用工（如机修、运输、构件加工材料保管等）以及服务和管理用工；

2. 表下应附以分季度的劳动力动态曲线（纵轴表示人数，横轴表示时间）。

5.5.2 构件、半成品及主要建筑材料需要量计划

构件、半成品需要量计划是材料和构件等落实组织货源、签订供应合同、编制运输计划、组织进场、确定临时房屋规模的依据。根据工种工程量汇总表所列各建筑物的工程量，查万元定额或概算指标等有关资料，便可得出各建筑物所需的构件、半成品和主要材料的需要量计划。有了各种需要量计划，材料部门及有关加工厂便可据此准备所需的建筑材料、半成品和构件，并按

照相关要求进行组织供应。构件、半成品及主要建筑材料需要量计划表格式如 5-6 表所示。

构件、半成品及主要建筑材料需要量计划表　　表 5-6

序号	工程名称	材料、构件和半成品名称	规格	单位	数量	需要量进度							
						××年				××年			
						一	二	三	四	一	二	三	四
1													
2													

5.5.3 施工机具需要量计划

　　施工机具需要量计划是组织机具供应，计算配电线路及选择变压器，进行场地布置的依据。主要施工机械需要量可按照施工部署、主要建筑物施工方案要求，根据工程量和机械产量定额计算确定。至于辅助机械，可根据 10 万元定额或概算指标求得。施工机具、需要量计划除了可以保证机械供应需要外，还可作为施工用电量、选择变压器容量等的计算依据。主要施工机具、设备需用量计划表格式如表 5-7 所示。

主要施工机具、设备需要量计划表　　表 5-7

序号	工程名称	施工机具设备名称	规格	单位	数量			购置价格（万元）	使用时间	备注
					总用量	现有	不足			

5.6　全场性临设工程

　　为了满足顺利施工的需要，在工程正式开工之前，要依据施工准备工作计划的要求，建造相应的临设工程，以满足工程建设的需要。其设置的原则是：满足防火安全；形式合理；经济实用。

5.6.1 临时加工场设施

　　临时加工场组织主要包括钢筋混凝土预制构件加工场、木材加工场、粗木加工场、细木加工场、钢筋加工场、金属结构构件加工场、混凝土搅拌站、机械修理场等，其结构形式应根据使用时间的长短和建设地区的条件而定。若时间较短，宜采用一些较简单的结构，若时间较长，可采用混合结构、活动板房等。

　　所有这些设施的建筑面积主要取决于设备尺寸、工艺流程、设计和安全防火等的具体要求。对于钢筋混凝土构建预制场、锯木车间、模板加工车间、细木加工车间、钢筋加工车间等，其建筑面积可以按下式计算：

127

$$F = \frac{K \cdot Q}{T \cdot S \cdot \alpha} \tag{5-1}$$

式中　F——所需确定的建筑面积(m^2)；

　　　Q——加工总量；

　　　K——不均衡系数，取 1.3～1.5；

　　　T——加工总工期(月)；

　　　S——每平方米场地平均加工定额；

　　　α——场地或建筑面积利用系数，取 0.6～0.7。

5.6.2　仓库与堆场

（1）工地仓库的类型

1）转运仓库

具体是指设置在运输转运机构，如车站、码头、卸货专用场地等，用来转载、转运货物的仓库。

2）中心仓库(总仓库)

具体是指设在施工现场附近的、专门供储存整个建筑工地所需的材料以及需要整理配套的材料的仓库。

3）现场仓库

具体是指建造在工程施工现场的，直接为在建单位工程服务的仓库。

4）加工厂仓库

具体是指专供某家工厂储存原材料、构件、半成品的仓库。

（2）仓库材料储备量的确定

材料储备量既要确保施工的正常需要，又要避免过多的积压，以减少资金的占用和降低仓库的建设投资。通常的储备量是以合理储备天数来确定的，同时考虑现场条件、供应与运输条件以及建筑材料本身的特点。材料的总储备量一般不能少于该类型材料总用量的 20%～30%。

（3）仓库或堆场面积的确定

按材料储备期可用下式计算：

$$F = \frac{q}{P} \tag{5-2}$$

式中　F——仓库或堆场的面积(m^2)，包括通道面积；

　　　q——材料储备量(q_1 或 q_2)；

　　　P——每平方米能存放的材料、半成品和制品的数量。

5.6.3　工地运输组织

（1）工地运输组织的类型

① 铁路运输

铁路运输方式具有运输量大、运距较远、不受自然条件约束的优点，但缺点是投资较大，筑路技术要求高，因此仅有在拟建工程需要铺设永久性铁路专用线或者工地需从国家铁路上获得大量物料(一年运输量在 20 万 t 以上)时,才采用此种运输方式。

② 公路运输

公路运输的优点是机动性大、操作灵活、投资适中、道路适应能力好。缺点是运输量较小。由于汽车具有良好的道路适应性,因此公路运输是目前应用最广泛的一种运输方式。

③ 特种运输

特种运输是指较少采用的水路运输、马车运输及其他运输等。

在确定具体的运输方式时,应考虑拟建项目投资、周边的水文地质条件,所需运输材料的性质、体积、运距等具体因素综合予以衡量,拟定多个运输方案,进行技术经济比较,以确定最优运输方式。

(2)确定每日货运量

$$q = \frac{\sum Q_i L_i k}{T}$$ (5-3)

式中　q——日货运量(t·km/日);

　　Q_i——各类材料的总需要量(t);

　　L_i——各类材料由发货地点到储存地点的距离(km);

　　T——材料所需运输天数(日);

　　k——运输工作不均衡系数,铁路运输取 1.5,公路运输 1.2,水路运输取 1.3。

(3)确定运输工具数量

根据已确定的日运输量和运输方式后,可按下式计算每一工作班内所需的运输工具数量:

$$n = \frac{q}{cbk_1}$$ (5-4)

式中　n——每个工作班所需运输工具数量(台);

　　q——日货运量(t·km/日);

　　c——运输工具的台班产量(t·km/台班);

　　k_1——运输工具使用不均衡系数,汽车取 0.6~0.8。

5.6.4　办公及福利设施组织

(1)办公及福利设施的类型

① 行政管理用房

行政管理用房包括各类办公室、传达室、辅助性修理车间、车库等。

② 居住生活用房

视具体拟建项目的规模不同,居住生活用房主要包括宿舍、食堂、医务室、浴室、厕所、小卖部、开水房等。

③ 文化生活用房

文化生活用房主要包括俱乐部、图书室、广播室等。

（2）各类设施面积的确定

$$S = NP \tag{5-5}$$

式中　S——办公及福利临时建筑面积；

　　　N——施工工地人数；

　　　P——建筑面积指标。

其中，施工工地人数 N 应根据直接参加建筑施工生产的工人数、辅助施工生产的工人数、行政及技术管理人员数、为工地上居民生活服务的人员数及以上各项目人员的家属人数等予以确定。上述人员的比例，可按照国家有关规定或工程实际状况计算，家属人数可按职工人数的 $10\% \sim 30\%$ 确定。

5.6.5　工地供水组织

工地供水组织的类型有生产用水，生活用水，消防用水三类。其中生产用水又分为工程施工用水、施工机械用水、附属生产企业用水等。而生活用水又分为施工现场生活用水和生活区生活用水。

临时供水设施的设计包括确定用水量、选择水源、确定供水系统等。

（1）现场施工用水量可按下式计算：

$$q_1 = K_1 \sum \frac{Q_1 \cdot N_1}{T_1 \cdot t} \cdot \frac{K_2}{8 \times 3600} \tag{5-6}$$

式中　q_1——施工用水量，L/s；

　　　K_1——未预计的施工用水系数（可取 $1.05 \sim 1.15$）；

　　　Q_1——年(季)度工程量；

　　　N_1——施工用水定额（浇筑混凝土耗水量 $2400 L/m^3$、砌筑耗水量 $250 L/m^3$）；

　　　T_1——年(季)度有效作业日，d；

　　　t——每天工作班数；

　　　K_2——用水不均衡系数（现场施工用水取 1.5）。

（2）施工机械用水量可按下式计算：

$$q_2 = K_1 \sum Q_2 N_2 \frac{K_3}{8 \times 3600} \tag{5-7}$$

式中　q_2——机械用水量，L/s；

　　　K_1——未预计的施工用水系数（可取 $1.05 \sim 1.15$）；

　　　Q_2——同一种机械台数，台；

　　　N_2——施工机械台班用水定额；

　　　K_3——施工机械用水不均衡系数（可取 2.0）。

（3）施工现场生活用水量可按下式计算：

$$q_3 = \frac{P_1 \cdot N_3 \cdot K_4}{t \times 8 \times 3600} \tag{5-8}$$

式中　q_3——施工现场生活用水量，L/s；

　　　P_1——施工现场高峰昼夜人数，人；

N_3——施工现场生活用水定额(一般为 20～60L/(人．班),主要由当地气候而定);

K_4——施工现场用水不均衡系数(可取 1.3～1.5);

t——每天工作班数。

(4)生活区生活用水量可按下式计算:

$$q_4 = \frac{P_2 \cdot N_4 \cdot K_5}{24 \times 3600} \qquad (5\text{-}9)$$

式中 q_4——生活区生活用水,L/s;

P_2——生活区居民人数,人;

N_4——生活区昼夜全部生活用水定额;

K_5——生活区用水不均衡系数(可取 2.0～2.5)。

(5)消防用水量(q_5):最小 10L/s,施工现场在 25hm²(25 万 m²)以内时,不大于 15L/s。

(6)总用水总量(Q)计算:

1)当 $q_1 + q_2 + q_3 + q_4 \leqslant q_5$ 时,则 $Q = q_1 + (q_2 + q_3 + q_4)/2$;

2)当 $q_1 + q_2 + q_3 + q_4 > q_5$ 时,则 $Q = q_1 + q_2 + q_3 + q_4$;

3)当工地面积小于 5hm²,而且 $q_1 + q_2 + q_3 + q_4 < q_5$ 时,则 $Q = q_5$。

最后计算出总用水量(以上各项相加),还应增加 10%的漏水损失。

供水管径是计算总用水量的基础上按公式计算的。如果已知用水量,按规定设定水流速度,就可以计算出管径。

(7)临时用水管径按下式计算:

$$d = \sqrt{\frac{4Q}{\pi \cdot v \cdot 100}} \qquad (5\text{-}10)$$

式中 d——配水管直径,m;

Q——耗水量,L/s;

v——管网中水流速度(1.5～2m/s)。

5.6.6 工地供电组织

确定工地供电组织的布置主要有以下几个方面:

(1)工地总用电量计算

施工现场用电量整体上可以分为动力用电(如机械、动力设备用电)和照明用电两类。在进行用电量计算时,应考虑如下几个方面的因素:

1)工地上使用的全部用电设备的用电功率大小;

2)施工总进度计划中,施工高峰期同时用电数量;

3)各种用电设备的工作状况。

(2)选择电源

根据工程项目周边情况的不同,选择电源的方案,通常有如下几种方案:

1)完全由工地附近的电力系统供电,包括在全面开工以前将永久性供电外线工程完成,设置临时变电站;

132

2）先将工程项目的永久性变配电室建成，直接为施工供应电能；

3）工地附近的电力系统能供应一部分，工地需增设临时电站以补充不足；

4）利用附近的高压电网，申请临时加设配电变压器；

5）工地处于新开发地区，还没有电力系统时，完全由自备临时电站供给。

在进行方案确定时，应根据工程实际情况，经过分析比较后确定。

（3）确定变压器

选择变压器时，其容量过大则不能充分发挥设备能力，过小则易过载而造成过分发热或烧毁。

（4）配电线路及确定导线截面积

1）配电线路布置

当工地由附近高压电力网输电时，通常需要两级降压成 380/220V 的电压。工地用电的配电箱应设于便于操作的地方，而且应保证用电器械为单机单闸，以保证一旦发生事故，可迅速拉闸，同时闸刀的容量应按照最高负荷选用。

施工现场临时用电的室外线路通常以架空线为主，3kV、6kV 和 10kV 的高压线路，电杆距离应为 40～60m，380/220V 的低压线路电杆间距 25～40m。分支线及引入线均应由电杆处接出，不得由两杆之间接出。线路应尽量保持水平，以免电杆受力不均，同时线路架设时应尽量靠近道路一侧，不阻碍交通且避开堆场等不良条件。

2）确定导线面积

配电导线要正常工作，必须具有足够的机械强度、能够耐受电流通过所产生的温升、电压损失在允许范围内。因此，选择配电导线有机械强度、容许电流、容许电压降三种方法。

选择导线截面时应同时满足上述三项要求，即以求得的三个截面面积中最大者为准，从导线的产品目录中选用线芯。通常先根据负荷电流的大小选择导线截面，然后再以机械强度和容许电压降进行复核。

5.7　施工总平面图

施工总平面图是依据施工部署、施工方案、施工总进度计划及资源需用量的要求，对工地施工所需的各项设施和永久性建筑（包括已有的和拟建的）进行部署的整体布置图。换句话说，它是用图纸语言，将施工现场的空间布置与安排直观而又形象地表达出来。

5.7.1　施工总平面图的作用

（1）正确处理全工地施工期间所需各项设施与已有建筑和拟建工程之间的布置关系；

（2）直观显示工程项目的空间布置情况；

（3）指导现场进行有组织、有计划的文明施工。

5.7.2 施工总平面图的设计原则

（1）平面布置科学合理，施工场地占用面积少；

（2）合理组织运输，减少二次搬运；

（3）施工区域的划分和场地的临时占用应符合总体施工部署和施工流程的要求；

（4）充分利用既有建（构）筑和既有设施为项目施工服务，以降低临时设施的建造费用；

（5）临时设施应方便生产和生活，办公区、生活区、生产区宜分区域设置；

（6）符合节能、环保、安全和消防等要求；

（7）遵守当地主管部门和建筑单位关于施工现场安全文明施工的相关规定。

其中，为了能够有效降低运输费用和提高生产效率，合理布置材料仓库等供应点的位置尤为重要。通常我们依据使得材料和半成品等运到工地各需要点的总运距最小的原则，利用运筹学的方法予以合理解决。例如在一个有相当数量的全装配建筑工地内，可以设置一个生产钢筋混凝土预制构件的预制场。待该工地的房屋安装完毕，再将预制场转移到另一工地去。通常，工地内不具备较大的空地面积可专供一个集中的预制场使用，此时就需要临时占用某一个（或数个）拟建房屋的位置。施工时，如果利用永久性枝状道路的路基作为运输道路，则设置预制场就类似于线性规划中的场地选择问题。也就是收点固定、道路固定、发点待定的一类运输问题。这样，我们就可以根据"小往大靠、端往内靠、支往干靠、大半设场"的原则来确定一集中供应点的最优位置。

根据上述原则并结合具体情况编制出若干可能方案，进行技术经济分析比较，选择最优方案。

5.7.3 施工总平面图的设计依据

为了能够更加全面地进行施工总平面图绘制，把握好以下的设计依据是十分必要的。

（1）设计资料。其包括建筑总平面图（决定材料堆场的位置、运输道路的布置）、竖向设计图（安排土方挖填）、地形地貌图（确定各种临建、水电管网的布置）、区域规划图（确定施工整体布局）和建设项目区域内已有的各种设施位置。

（2）建设项目的建设概况、施工部署、施工进度计划和主要工程的施工方案。以此进行场地的规划和布置。

（3）建设项目地区的自然条件和技术经济条件。这对确定合理的材料运输方式和供应情况有重要意义。

（4）所需建筑材料、构件、预制品、施工机械和运输工具需要量一览表。

（5）各种现场加工、材料堆放、仓库及其他临时设施的数量及面积尺寸。

5.7.4 施工总平面图设计的内容

（1）项目施工用地范围内的地形状况，整个建设项目已有的建筑物和构筑物、拟建工程以及其他已有设施的位置和尺寸。

（2）已有和拟建为全工地施工服务的临时设施的布置，包括：

1）场地临时外墙，施工用的各种道路；

2）加工场、制备站及主要机械的位置；

3）各种材料、半成品、构配件的仓库和主要堆场；

4）行政管理用房、宿舍、食堂、文化生活福利等用房；

5）水源、电源、动力设施、临时给水排水管线、供电线路及设施；

6）机械站、车库位置；

7）一切安全、消防、保卫和环境保护等设施。

（3）相邻的地上、地下既有建（构）筑物及相关环境，永久性测量放线标桩的位置。

（4）必要的图例（表5-8）、方向标志、比例尺等。

部分施工平面图图例　　　　　表 5-8

序号	名称	图例	序号	名称	图例
1	水准点	点号／高程	11	石堆	
2	原有房屋		12	砖堆	
3	拟建正式房屋		13	钢筋堆场	
4	施工期间利用的拟建正式房屋		14	钢筋成品场	
5	将来拟建正式房屋		15	水源	
6	临时房屋：密闭式　敞棚式		16	电源	
7	现有永久公路		17	变压器	
8	施工用临时道路		18	井架	
9	临时围墙		19	塔式起重机	
10	砂堆		20	脚手架	

5.7.5 施工总平面图设计的步骤

施工平面图的设计步骤为：引入场外交通道路——布置仓库——布置加工场和混凝土搅拌站——布置内部运输道路——布置临时房屋、布置临时水、电管网和其他动力设施——绘制正式施工总平面图。

（1）设置大门，进场交通的布置

施工现场宜考虑设置两个以上大门。大门应考虑周边路网情况、转弯半径和坡度限制，大门的高度和宽度应满足车辆运输需要，尽可能考虑与加工场地、仓库位置的有效衔接。

1）铁路运输

当大量物资由铁路运入时，应首先解决铁路由何处引入及如何布置的问题。一般大型工业企业，厂区内都设有永久性铁路专用线，通常可将其提前修建，以便为工程施工服务。但由于铁路的引入将严重影响场内施工的运输和安全，因此，引入点应靠近工地的一侧或两侧。仅当大型工地分为若干个独立的工区进行施工时，铁路才可引入工地中央。此时，铁路应位于每个工区的旁侧。

2）水路运输

当大量物资由水路运入时，应首先考虑运用原有码头和是否增设专用码头。要充分利用原有码头的吞吐能力。当需要增设码头时，卸货码头不应少于2个，且宽度应大于2.5m，一般用石或钢筋混凝土结构建造。

3）公路运输

当大量物资由公路运入时，一般先将仓库、加工场等生产性临时设施布置在最经济合理的地方，然后再布置通向场外的公路线。

（2）布置大型机械设备

布置塔式起重机时，应考虑其覆盖范围、可吊构件的重量以及构件的运输和堆放，同时还应考虑塔式起重机的附墙杆件及使用后的拆除和运输。布置混凝土泵的位置时，应考虑泵管的输送距离、混凝土罐车行走方便，一般情况下立管应相对固定，泵车可以现场流动使用。

（3）工地仓库的布置

工地仓库及材料堆场通常设置在运输方便、位置适中、运距较短且符合防火要求的地方。

如采用铁路运输，宜沿铁路线布置周转库和中心库，仓库应设置在靠近工地一侧，以免内部运输跨越铁路，仓库也不宜设在弯道或坡道上。如采用公路运输，仓库布置较灵活，应方便运输及使用，即要尽量邻近公路和施工区，还要有适量的堆场。如采用水运，码头附近要设转运仓库以缩短船只在码头上的停留时间。

水泥库和砂石堆场应布置在搅拌站附近，砖、石和预制构件应布置在垂直运输设备工作范围内，钢筋木材库应布置在加工场附近。遵循这些原则，仓库与加工场的布置应结合进行。

（4）加工场的布置

各种加工场的布置，应以方便使用、安全防火、运输费用最少和不影响建筑安装工程施工的正常进行为原则。一般应将加工场集中布置在同一个地区，且多处于工地边缘。各种加工场应与相应的仓库或材料堆场靠近。

135

1) 混凝土搅拌站。根据工程的具体情况可采用集中、分散或集中与分散相结合的三种布置方式。当现浇混凝土量大时，宜在工地上设置混凝土搅拌站；当运输条件好时，应设置集中搅拌站；当运输条件差时，以分散搅拌为宜。

2) 预制加工场。一般设置在建设单位的空闲地带上，如材料堆场专用线转弯的扇形地带或场外邻近处。

3) 钢筋加工场。区别不同情况，可采用分散或集中布置。对于需进行大量的机械加工和大片钢筋网制作时，宜设置中心加工场，其位置应靠近预制构件加工场；对于小型加工件和利用简单机具进行的钢筋加工，可在靠近使用地点布置钢筋加工棚。

4) 木材加工场。要根据加工量、加工性质和种类，确定是设置集中加工场还是分散的加工棚。一般原木、锯材堆场布置在铁路、公路或水路沿线附近，木材加工场也应设置在这些地段附近；锯木、成材、细木加工和成品堆放，应按工艺流程布置，并应设置在施工区的下风向边缘。

5) 金属结构、锻工、电焊和机修等车间。由于它们在生产上联系密切，应尽可能布置在一起。

（5）内部运输道路布置

规划场内道路时，应注意区分主要道路和次要道路，并结合各加工厂、仓库的位置，主要考虑以下几个方面：

1) 选择合理的路面结构。道路的路面结构，应根据运输情况和运输工具的类型而定。施工现场的主要道路应进行硬化处理，主干道应有排水措施。临时道路要把仓库、加工场、堆场和施工点贯穿起来，按货运量大小设计双行干道或单行循环道，满足运输和消防要求。

2) 合理规划临时道路与地下管网的施工程序。在规划临时道路时，应充分利用拟建的永久性道路，提前建成或者先修路基和简易的路面，作为施工所需要的道路，以达到节约投资的目的。若地下管网的图纸尚未出全，而又必须采取先施工管网后施工道路的顺序时，则应在管网地区先修筑临时道路，以免开挖管沟时破坏路面。

3) 保证运输通畅。道路应有两个以上进出口，末端应设置回车场地。且尽量避免与铁路交叉，若有交叉，夹角应大于 30°，最好为直角相交。场内道路干线应采用环形布置，主要道路宜采用双车道，宽度不小于 6m；次要道路宜采用单车道，宽度不小于 4m。木材厂两侧应有 6m 宽通道，端头处应有 12m×12m 回车场，消防车道不小于 4m，载重车转弯半径不宜小于 15m。

（6）行政与生活临时设施的布置

行政与生活临时设施包括办公室、职工休息室、食堂、开水房、小卖部、车库、俱乐部和浴室等。要根据工地施工人数计算其建筑面积。布置时应注意：

1) 尽量利用已有的或拟建的永久性房屋。

2) 全工地性行政管理用房宜设在工地入口处，以便对外联系；也可以设在工地中间，便于全工地管理。

3）商店等生活福利设施设置在工人较集中的地方，或工人必经之处；食堂可布置在工地内部或工地与生活区之间。

4）生活基地一般设在场外，距工地 500～1000m 为宜，应避免设在低洼潮湿地带及其他不利于健康的地方。宿舍内应保证有必要的生活空间，室内净高不得小于 2.5m，通道宽度不得小于 0.9m，每间宿舍居住人员不得超过16 人。

（7）临时水电管网和其他动力设施的布置

1）供水管网的布置

供水管网应尽量短，布置时，应尽量避开拟建工程位置。临时水池、水塔应设在用水中心和地势较高处。水管宜采用暗埋铺设，有冬期施工要求时，应埋设至冰冻线以下。有重型机械或需从路下穿过时，应采取保护措施。高层建筑施工时，应设置水塔或加压泵，以满足水压要求。

根据工程防火要求，应设置足够的消火栓。临时搭设的建筑物区域内每100m^2 配备 2 只 10L 灭火器。大型临时设施总面积超过 1200m^2 时，应配有专供消防用的太平桶、积水桶（池）、黄沙池，且周围不得堆放易燃物品。临时木料间、油漆间、木工机具间等，每 25m^2 配备 1 只灭火器。油库、危险品库应配备数量与种类匹配的灭火器、高压水泵。现场应有足够的消防水源，其进水口一般不应少于两处。室外消火栓应沿消防车道或堆料场内交通道路的边缘设置，消火栓之间的距离不应大于 120m；消防箱内消防水管长度不小于25m。消防站设在易燃建筑物附近，并要有通畅的出口和不小于 6m 宽的消防车道。

2）供电线路布置

供电线路宜沿路边布置，但距路基边缘不得小于 1m。一般用钢筋混凝土杆或梢径不大于 140mm 的木杆架设，杆距不大于 35m；电杆埋深不小于杆长的 1/10 加 0.6m，跨铁路时不小于 7.5m；架空电线距建筑物不小于 6m。在塔式起重机控制范围内供电线路应采用暗埋电缆。临时总变电站应设置在高压电引入处，避免高压电穿过工地，不应放在工地中心；自备发电设备应设在现场中心。

以上各步骤应进行反复修正，综合考虑，通过方案比较确定。

5.8 技术经济指标

施工组织总设计的技术经济指标应反映出设计方案的编制质量及将产生的效果。

5.8.1 施工工期

施工工期是指建设项目从施工准备到竣工投产使用的持续时间，应计算的相关指标有：

（1）施工准备期，从施工准备开始到主要项目开工为止的全部时间；

（2）部分投产期，从主要项目开工到第一批项目投产使用的全部时间；

（3）单位工程工期，指建设项目中各单位工程从开工到竣工的全部时间。

5.8.2 劳动生产率

劳动生产率包括全员劳动生产率和劳动力不均衡系数。

（1）全员劳动生产率计算公式

$$q = \frac{Q}{R - R_3 + R_4} \tag{5-11}$$

式中 q——建安企业全员劳动生产率，元/(人·年)；

Q——全年完成的建安工作量；

R——全部在册职工数；

R_3——非生产人员平均数；

R_4——合同工、临时工人数。

（2）劳动力不均衡系数计算公式

$$K' = \frac{R_1}{R_2} \tag{5-12}$$

式中 K'——劳动力不均衡系数；

R_1——施工期高峰工人数；

R_2——施工期平均工人数。

5.8.3 临时工程

（1）临时工程投资比例

$$临时工程投资比例 = \frac{全部临时工程投资}{建安工程总值} \tag{5-13}$$

（2）临时工程费用比例

$$临时工程费用比例 = \frac{临时工程投资 - 回收费 + 租用费}{建安工程总值} \tag{5-14}$$

5.8.4 降低成本

（1）降低成本额

$$降低成本额 = 承包成本 - 计划成本 \tag{5-15}$$

（2）降低成本率

$$降低成本率 = \frac{降低成本额}{承包成本额} \tag{5-16}$$

5.8.5 机械指标

$$机械化程度 = \frac{机械化施工完成的工作量}{总工作量} \tag{5-17}$$

5.8.6 预制化施工水平

$$预制化施工程度 = \frac{在工厂及现场预制的工作量}{总工作量} \qquad (5\text{-}18)$$

5.8.7 流水施工不均衡系数

$$K_1 = \frac{T_1}{T} \qquad (5\text{-}19)$$

式中　K_1——流水施工时间不均衡系数；

　　　T_1——流水施工固定期时间；

　　　T——总工期。

5.8.8 节约成效

分别计算钢材、木材和水泥三大材料节约的百分比，以及节水、节电情况。

小结及学习指导

1. 施工组织总设计是以整个建设项目、群体工程或大型单项工程为对象，结合初步设计或者扩大初步设计图纸以及其他工程资料和现场施工条件而编制的，是建设项目或建筑群施工的全局性战略部署。施工组织总设计的编制程序应结合其内容进行合理安排。

2. 工程概况是对整个工程项目的总说明，也是编制施工组织总设计的初期准备工作，因此应简明扼要、重点突出。

3. 施工部署是施工组织总设计的核心内容，也是本章的重点内容。施工部署是在充分了解工程情况、施工条件和建设要求的基础上，对整个建设项目进行全面部署，同时解决工程施工中重大战略问题的全局性、纲领性文件。其内容主要包括：项目组织体系、施工控制目标、工程开展程序、拟订主要项目的施工方案、制订施工准备工作计划。

4. 施工总进度计划是以建设项目的投产和交付使用的时间为目标，按照合理的施工部署和日程安排的建筑生产计划。施工总进度计划的编制是本章的重点，也是难点。

5. 资源需要量计划是依据已确定的施工部署和施工总进度计划编制的，重点确定劳动力、材料、构配件、加工品和施工机具等主要资源的需要量和时间，以便组织供应，从而保证施工总进度计划的实现，同时也为场地布置及临时设施的规划准备提供依据。

6. 施工总平面图是用图纸语言，将施工现场的空间布置与安排直观而又形象地表达出来。合理设计及绘制施工总平面图是本章的重点内容，其设计步骤应按照：引入场外交通道路——布置仓库——布置加工场和混凝土搅拌

139

5.8　技术经济指标

站——布置内部运输道路——布置临时房屋、布置临时水、电管网和其他动力设施——绘制正式施工总平面图进行。

思考题

5-1 何谓施工组织总设计？施工组织总设计的内容包括哪些？

5-2 施工组织总设计的目的和作用是什么？

5-3 施工组织总设计的编制程序有哪些？

5-4 什么是施工部署？施工部署包括的内容有哪些？

5-5 施工总进度计划的编制原则是什么？具体编制步骤有哪些？

5-6 如何根据施工总进度计划编制各种资源需要量计划？资源需要量计划通常包括哪些内容？

5-7 全场性临设工程设置的原则是什么？通常要考虑的临设工程包括哪些？

5-8 施工总平面图的设计依据有哪些？施工总平面图设计的内容和步骤分别是什么？

5-9 施工总平面图的绘制要求有哪些？

5-10 评价施工组织总设计编制质量的技术经济指标有哪些？

码 5-1 第 5 章思考题参考答案

附录A
某大学学生公寓工程施工组织设计

A.1 编制原则

A.1.1 编制总原则

本工程施工组织设计是严格按照工程招标范围以及招标文件、设计图纸、工程规范对施工组织设计的要求进行策划后编制的,力求编制的施工组织设计科学、合理、经济、针对性强。

A.1.2 主要设计内容

本施工组织设计在管理机构、施工工艺、施工质量、施工工期、安全文明及环境保护、资源配备、组织协调等方面进行阐述。

根据甲方提供的全部图纸、国家现行规范与标准和招标文件各个组成部分对工程的描述以及本公司对工程现场的考察结果,编制本工程的施工组织设计,并对以下几个方面进行了重点描述:

(1) 现场组织管理机构;

(2) 总分包管理措施;

(3) 施工总进度计划及保证措施;

(4) 施工总平面布置;

(5) 主要分项工程的施工方案及技术措施;

(6) 质量保证及创优措施;

(7) 现场安全文明施工和环保措施;

(8) 本工程拟采用的科学可行的新技术、新工艺和新材料等降低成本和提高科技含量的措施;

(9) 成品保护措施;

(10) 资源配备计划。

投标范围:施工图所示范围内的建筑、装饰、安装施工内容。甲方单独发包的工程有:电梯安装工程、天然气安装工程和水电智能计费系统。

A.1.3 编制依据

某大学学生公寓工程施工招标文件及工程量清单;工程施工设计图纸;工程现场实地踏勘情况;承建公司的技术、机械设备装备情况及现场技术经济条件;依据《质量管理体系 要求》GB/T 19001—2016 编制的质量管理体系文件；依据《环境管理体系 要求及使用指南》GB/T 24001—2016 编制的环境管理体系文件；依据《职业健康安全管理体系 要求及使用指南》GB/T 45001—2020 编制的职业健康管理体系文件；国家和行业现行施工质量验收规范、规程、标准以及某市关于建筑施工管理的有关规定。

A.1.4　总体目标

根据甲方的要求和本工程的特殊重要性，确定了本工程项目管理的总体目标如下：

（1）质量目标

一次性验收合格，且感观质量综合评价分值达到 85 分以上，争创主体结构优质工程。其中：分项工程合格率 100%；地基与基础、主体结构、装修工程、电气安装、水卫安装等分部工程保证合格；单位工程合格；观感质量得分 85 分以上；技术资料基本齐全。

本工程坚持"质量第一、信誉至上"的原则，运用科学的管理方法，制定严格的质量控制措施，大力采用新技术、新工艺和新材料，做到精心组织、精心施工，将本工程建成优良工程，让甲方满意。

将采用过程方法对施工质量进行系统的过程控制，对暴露出的质量薄弱环节采用 PDCA 模式克服和改进，以确保质量目标。

（2）工期目标

本工程要求工期为 370 日历天（其中 A 栋、B 栋 340 日历天），采用先进的施工方法和技术措施，精心对工期进行安排施工。

（3）环境保护和文明施工目标

严格按照《环境管理体系 要求及使用指南》GB/T 24001—2016 和《职业健康安全管理体系 要求及使用指南》GB/T 45001—2020 及某市创建"绿色环保工地"暨建设工地施工扬尘整治法规等管理规定执行，使该工程成为"企业形象示范工程"和某市"最佳标准化文明工地"，并使本工程在文明施工、安全生产和 CI 形象等方面成为我公司新的样板和代表性工程。

（4）安全目标

严格执行施工安全生产责任制，加强安全生产教育，积极做好危险区域、危险工种的安全防护工作，按五无标准（无死亡、无重伤、无火灾、无中毒、无倒塌）和安全操作规程精心组织施工，年度轻伤频率控制在 12‰。

（5）工程造价控制目标

站在为甲方优质服务、为甲方着想的角度，树立工程管理全局观念，通过优秀的人才、科学的管理、先进的技术、充分的设备投入、经济合理的施工方案、大量新技术新工艺的运用、全部系统地策划和部署、有效地组织、管理、协调和控制，使本工程成本和造价得到最为有效的控制；同甲方、设计院、监理公司和工程相关各方共同努力，优化施工组织和安排，使工程各个环节衔接紧密，高效顺利地向前推进；从图纸设计、材料设备选型、现场施工组织、管理、协调与控制等各个方面，提出行之有效的合理化建议和方案，加强"过程""程序"和"环节"控制，以"过程精品"达到"精品工程"，避免不必要的拆改、浪费，节省工程成本，使甲方的每一笔建设资金都能达到最佳的效益和效果。

A.2 工程概况及特点

A.2.1 工程概况

本工程是位于某市新都区新都大道 8 号某大学院内，由学校自筹资金，资金已落实，某招标有限责任公司代理招标投标事项，基地市政公用设施完善，交通便利。

本工程共包括 A、B、C 座三栋建筑，其中 A、B 座为 6 层学生公寓，C 座为 9 层单身教师公寓，总建筑面积为 40156m²，其中半地下架空层 5549m²，地上 34607m²。本工程主体结构采用钢筋混凝土现浇框架结构。

本工程设计使用年限为 50 年，工程等级为三级，地上耐火等级为二级，半地下架空层耐火等级为一级。本工程抗震设防烈度 7 度。

本工程入口相对标高±0.000 等于绝对标高 487.62m，A、B 座学生公寓室内相对标高±0.000 等于绝对标高 488.52m，C 座单身教师公寓室内相对标高±0.000 等于绝对标高 488.72m。

（1）建筑设计概况

屋面：屋面防水等级为Ⅲ级，防水层耐用年限为 10 年，采用两道设防。

外装修工程：外墙面上门窗、挑檐、雨篷、阳台板外口等均作滴水线，外墙采用内保温构造措施，保温层采用 FHP-VC 复合硅酸盐板内保温系统。

内装修工程执行现行《建筑内部装修设计防火规范》GB 50222—2017，楼地面执行现行《建筑地面设计规范》GB 50037—2013，其他见附表 A-1。

外门窗采用塑钢门窗，玻璃按设计要求选用 FL6＋12A＋FL6 中空玻璃，玻璃大于 1.5m² 应采用安全玻璃；室内还设有防盗门、成品木门和各级防火门。

外墙上门窗立樘除另有详图者均位居墙中内门立樘位置与开启方向墙平，内门均预埋木砖，强弱电间门下有 100mm 高暗门槛，防火墙和公共走道上疏散用的平开防火门应设闭门器，常开防火门须安装信号控制开关和反馈装置。

半地下架空层须在底板、墙身做防水构造，防水等级为二级。

（2）结构设计概况

建筑桩基设计等级 C 座为乙级，其余均为丙级。A、B 座为预制桩基础，C 座为人工挖孔桩基础，连廊、超市及大门为预制桩基础。

主体部分均为钢筋混凝土现浇框架结构，底层设置少量剪力墙。A、B 座地上 6 层，C 座地上 9 层。本工程抗震设防类别为丙类，框架抗震等级为三级，半地下架空层剪力墙的抗震等级为二级。本建筑结构的安全等级均为二级，结构设计使用年限为 50 年。

室内装修情况汇总于附表 A-1。

室 内 装 修 表　　　　　　　　　　附表 A-1

楼层	房间名称	楼地面	踢脚	内墙	平顶
半地下架空层	汽车库设备用房	F1c 混凝土	S1 水泥砂浆踢脚	W1 防霉防潮涂料	C1 防霉防潮涂料平顶
	半地下自行车库	F1b 混凝土	S1 水泥砂浆踢脚	W1 防霉防潮涂料	C1 防霉防潮涂料平顶
	健身房	F6 强化木地板	S4 木踢脚线	W1 防霉防潮涂料	C1 防霉防潮涂料平顶
各层	活动室 小超市	F5 水磨石楼地面	S2 地砖踢脚	W2 普通乳胶漆	C4 纸面石膏板
	公寓 值班室 会议室	F5 水磨石楼地面	S2 地砖踢脚	W2 普通乳胶漆	C2 普通乳胶漆
	电梯机房	F2 细石混凝土	S2 水泥砂浆踢脚	W2 普通乳胶漆	C2 普通乳胶漆
	楼梯间	F4 花岗石(20厚)	S3 内墙砖墙裙	W2 普通乳胶漆	C2 普通乳胶漆
	强弱配电间	F2 细石混凝土	S2 水泥砂浆踢脚	C2 普通乳胶漆 W2 普通乳胶漆	C2 普通乳胶漆
	公寓卫生间 阳台	F3 防滑地砖	S3 内墙砖墙裙	W1 防霉防潮涂料	C1 防霉防潮涂料平顶
	公共洗浴间	F3 防滑地砖		W3 面砖	C1 防霉防潮涂料平顶
	门厅、内走道	F5 水磨石楼地面	S3 内墙砖墙裙	W2 普通乳胶漆	C3 硅钙板吊顶
室外	踏步	40 厚花岗石踏面,20 厚花岗石踢面			

A.2.2　水文地质概况

（1）气象与水文

建设场地位于亚热带湿润气候区，季风气候显著，四季分明，具有盆地特有的冬暖夏热、日照少、湿度大、降雨量较多、蒸发量较大等特征。多年年平均气温在 16.2℃ 左右，6～8 月最热，极端最高气温 37.7℃，极端最低气温－5.9℃。多年年平均降雨量 950mm，多年年平均蒸发量 1020.50mm，多年年平均相对湿度为 82%；年最多风向为偏北风，年平均风速为 1.35m/s，最大风速为 14.8m/s。

（2）地形地貌

本工程属某平原某水系 Ⅱ 级阶地，主要为已征地农田，地形起伏相对较小，其高程为 485.73～486.54m，南高北低。

本工程南侧约 30m 有一条人工排洪渠，从场地西侧流进，东侧流出，渠宽约 4.0m，深约 2.5m；场区南部还有一条灌溉渠经过，但已废弃，无水。

（3）地层岩性

经地质调查及钻探揭露表明，场地地基土主要由第四系人工填土（Q_4^{ml}）、全新统冲洪积（Q_4^{al+pl}）粉质黏土、粉土、细砂，更新统冰水沉积（Q_4^{fg+al}）卵石层组成，下伏白垩系（K_2^g）泥岩、砂岩。

（4）水文地质条件

场地地下水属第四系孔隙潜水类型，砂卵石层为主要含水层。勘察期间测得场地地下水位平均值为 485.25m，地下水位年变化幅度约 1.5m，卵石层的渗透系数 $K = 15m/d$。地下水对混凝土结构、钢筋无腐蚀性，对钢结构具有弱腐蚀性。

A.2.3　工程重点、特点与施工对策

（1）工程重要性及影响

本工程质量要求高，工期紧，因此做好施工现场总平面布置、施工机械的选择、劳动力的安排、施工用材料的采购及进出场、施工现场安全管理、施工技术管理、各单位的配合施工等工作尤其重要。该工程建设意义重大，将作为重点工程、特殊工程进行管理，做到科学管理、严谨施工，以精湛的施工技术为甲方、社会铸造精品工程。

（2）施工技术方案编制重点

为保证整个工程轴线、标高、垂直度控制的精确度以及各栋建筑之间的轴线准确无误，现场设测量小组，设专职测量工程师 1 人和测量员 2 人，并使用高精度测量仪器，保证测量放线精度，准确体现建筑设计意图。

人工挖孔灌注桩基础的施工：地下情况无法预料，直接影响施工工期，桩基础施工难度较大，在人工挖孔时通过采用桩孔钢筋混凝土护壁，配备与渗水量相匹配的抽水机，有效保证人工挖孔的顺利实施，并通过制定详尽的安全技术措施并督促落实，对挖孔人员进行安全交底，落实安全生产责任制，就能将人工挖孔的安全风险降到最低。

主体及基础施工的模板、钢筋、混凝土施工工艺，包括模板的选择、支撑施工，钢筋的制作、绑扎、成品保护，混凝土的搅拌、运输、浇筑与养护。

（3）务必合理安排工期

本工程工期为 370 日历天，施工过程中应合理配备机械和劳动力，加强现场管理，减少返工浪费，加强总包对分包工期的控制，确保总工期及各节点工期目标的实现。

（4）安全文明施工及环境保护的重要性

安全文明施工能树立良好的形象，高度重视安全、文明及环保施工管理，创建安全施工标准化现场和绿色环保工地，对外展示本工程的良好形象。

为保障工地上所有工人及管理人员的安全、健康，本公司将制定完整的安全管理体系及重大安全事故处理预案，另外还将遵照《中华人民共和国建筑法》的要求，为所有工作人员购买意外伤害事故险。

A.3　施工组织机构

A.3.1　项目组织机构

（1）项目管理人员的配备

高度重视本工程的建设，并将其列为重点工程，组建由公司副总经理为

组长的工程领导小组，并委派一名工程负责人对该工程质量、安全及进度等各方面进行全方位监督管理。成立工程总承包项目经理部，实行公司法人代表授权的项目经理负责制，建立以一级建造师为主的项目管理层，选派思想好、业务精、能力强、能融洽、合作好的具有丰富施工经验的管理人员进入项目管理班子，对外适应甲方管理的要求，充分发挥公司的经济技术优势和精诚合作的诚意，对内建立项目经理、项目技术负责人、责任工长、造价员、施工员、资料员、材料员、机械员、质量员、安全员、试验员、计划统计员等岗位责任制，由工程项目经理部定期对各专业进行考核。

（2）项目管理人员资质

本工程项目负责人及项目经理由取得国家一级注册建造师资质，并具有有效的安全生产考核合格证的同志担任。项目负责人具有建筑工程或相关专业高级技术职称，参加工地例会，代表本公司处理与本工程有关的问题。其他组成人员均为具有多年相关工程经验的同志，负责各相关专业工程事宜。

A.4 施工方案与技术措施

A.4.1 施工组织安排

为了保证基础、主体、装饰装修尽可能有充裕的时间施工，保质如期完成施工任务，考虑到各方面的影响因素，充分酝酿任务、人力、资源、时间、空间的总体布局。

（1）总施工顺序上的部署原则

进行有效的总体控制，按照先地下，后地上；先结构，后围护；先主体，后装修及室外总体工程；土建与水电安装交叉作业的总体施工顺序进行部署。

（2）在空间上的部署原则——主体交叉施工的考虑

为了贯彻连续、均衡、协调、有节奏和力所能及留有余地的原则，保证工程按照总控计划完成，需要采取主体和围护结构、主体和安装、主体和装修、安装和装修的交叉施工安排。主体断水后立即进行屋面工程施工，以利于室内装饰施工顺利进行。水电安装工程随主体结构进度安排预留、预埋、系统安装及时插入。

A.4.2 施工准备工作

（1）技术准备

开工前将组织好图纸会审，尽量将变动设计的资料及早落实解决，以利加工订货和组织施工。

根据本工程管线、电气、土建装修材料品种和规格较多的特点，及时提出加工订货数量，指派专人落实货源和供货日期。

随施工进度做好分阶段的施工组织设计和分项施工方案，并做好审批、贯彻和交底工作。

检查核对土建和水电、设备安装图纸有无矛盾，并考虑好施工时交叉衔接的方法，通过熟悉图纸明确场外制备工程项目，确定与单位施工有关的准备工作。

（2）施工准备

建筑施工企业将积极与甲方取得联系，办好轴线、标高、资料等有关方面的复核移交工作，并记录在案，双方签字认可，为基础及地下室结构的顺利施工打下良好的基础。

现场勘察后，用明显的标志标定所有现场内和毗邻现场的所有的现存排水口、污水管、电缆区、市政服务设施的总管、电信电缆和光缆、高架电缆和古树以及所需施工道路等，并做好相应的保护和维护。

根据土方开挖单位移交的控制轴线网，复核后定好轴线桩，将水准点引入现场适当的位置。基础垫层施工前，请监理工程师进行基坑施工验槽、验线。

做好现场施工总平面布置，按某市安全文明工地的标准设置。

场内除基坑位置外地面均做硬化处理，面层厚 200mm，混凝土强度等级 C20。

根据施工阶段的不同分别设置材料堆场，布置好供水、供电管线，建好现场排水系统。

本工程使用预拌混凝土，选择质量口碑好的商品混凝土公司。

A.4.3　土方施工方案

（1）土方施工的安排

施工时应对土方开挖及运输方式进行合理组织。本工程土方开挖采用由远及近，向施工大门开挖，第一层挖深 1.5m，并留出坡道，以利于下层土方的运输，挖至距设计标高 300mm 后由人工进行挖掘。

（2）土方开挖工期安排

基坑土方开挖期控制在 12 天（包括人工清理时间、护壁施工时间）。

（3）土方机械安排

该工程拟投入 2 台液压挖掘机，以满足工程量和工期要求，机械工作性能见附表 A-2。

反铲液压挖掘机工作性能表

附表 A-2

机械名称	型号	铲斗容量	最大挖掘半径	最大挖掘深度	爬坡能力
反铲液压挖掘机	WY-160	1.6m³	10.6m	6.1m	80%

自卸汽车选用的型号 HLJ560，载重量 10t。每台挖掘机配自卸汽车台数暂定为 20 台，具体台数因土方运输地点远近在土方施工时进行增减。

为便于土方装卸，加快施工进度，现场土方开挖阶段配置一台 ZL50 型轮

147

式装载机。

A.4.4　基础及半地下架空层施工方案及技术措施

（1）打入式预制桩基础

本工程 A 座采用预制方桩基础，桩截面尺寸为 300mm×300mm，单桩竖向极限承载力标准值不低于 738kN。

施工现场先按设计要求选定桩长并确定试桩日期，在试桩前将试桩所需预制桩运至现场并准备好打桩机械，试桩时通知设计、监理、质监、甲方等单位人员到场，根据试桩过程及结果，并以终压力满载值为终压控制条件，且必须满载连续多次（3~5 次）复压，终压力满载值为端桩竖向承载力标准值的 2 倍。

（2）打入式预制桩基础承台梁施工

打桩工程完成后由有资质单位进行成桩质量检测和单桩承载力检测，出具检测报告，检测合格后即可进行承台梁施工。

承台梁施工工艺流程如附图 A-1 所示。

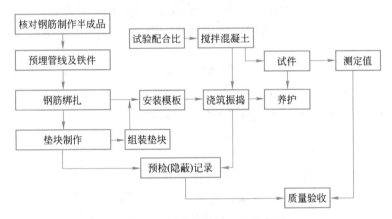

附图 A-1　承台梁施工工艺流程图

（3）模板工程

1）模板的选择

根据该工程的特点，基础及地下室模板作如下选择：

底板外侧模：采用砖胎模；后浇带处模板：采用木模；地下室梁、柱、墙体：采用酚醛树脂涂膜模板，辅配部分木模。

2）模板施工要求

现浇模板施工采用的防水胶合板、钢模板以及其他材料要符合规范和设计要求。对完成的混凝土面永远埋藏的金属部件保护层不少于 25mm。模板油或隔离剂对混凝土面无不利影响。隔离剂不与钢筋接触。模板足够坚固，以防混凝土漏浆，影响构件的外形。在浇筑混凝土前，所有预埋件及预埋管道应固定在正确位置而且模板要干净润湿。支撑重的或集中荷载的脚手架的钢架具有足够的腹板加强肋，以防梁腹弯曲，保证水平稳定。在浇筑混凝土前，模板要验收，检查所有的夹具及连接件是否坚固，绑扎是否牢固。在浇筑混凝土期间，观察模板是否有过度下沉现象，模板的偏差在相关规范规定的范围内。

3）模板的安装

底板外侧模用 M7.5 水泥砂浆 240mm 砖墙，砖墙与混凝土接触面用 1：3 水泥砂浆抹光。

地下室内外墙模板主要采用酚醛树脂涂膜大模板，并辅配部分木模。为保证墙体厚度准确，防止浇筑混凝土的墙身鼓胀，采用纵横背杠加斜撑的支撑系统以保证墙体的整体稳定。

4）模板的拆除

模板拆除时间按照甲方提供的技术要求和现行国家标准《混凝土结构工程施工质量验收规范》GB 50204—2015 执行。模板在混凝土强度能满足其表面及棱角不因拆除模板而受损坏时，方可拆除。梁、板底模板根据同条件养护的试块达到规定的强度标准值时，方可拆除。模板及支撑的保留时间取决于天气情况、养护方法、构件类型及后来的荷载，但不少于以下要求：梁边模，墙及柱（非承重情况下）：24 小时；板（保留支撑）：4 天；梁底及无梁楼板（保留支撑）：7 天；在梁之间板支撑：10 天；梁、无梁楼板及井字密肋板的支撑：14 天；悬臂梁支撑：28 天。

（4）混凝土工程

1）混凝土概况

混凝土均采用商品混凝土，现场混凝土采用 HBT60 泵车加泵管的方式进行浇筑。该工程地下室混凝土的施工包括底板、墙、柱、梁、板的混凝土浇筑。地下室混凝土浇筑中正确布置泵车和泵管的位置尤其重要。

2）混凝土泵送的工艺流程及配合比设计要求

泵送混凝土的工艺流程如附图 A-2 所示。

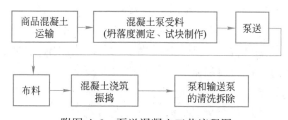

附图 A-2　泵送混凝土工艺流程图

3）混凝土的运输

本工程混凝土由商品混凝土公司提供，由混凝土运输车运至施工现场。

混凝土的运输以最少的运输次数、最短的时间将混凝土从搅拌地点运到浇筑地点，以保证拌合物浇筑时仍具有施工所要求的坍落度，并保持良好的和易性。

运送道路要整平，以防运输工具颠簸过甚导致离析和泌水，混凝土拌合物均匀性变差。

为防止商品混凝土在运送过程中坍落度产生过大的变化，要求从搅拌后90min内泵送完毕。搅拌运输车运送混凝土至现场卸料，要有一段搭接时间，即一台尚未卸完，另一台就开始卸料，以保证混凝土级配的衔接。

A.4.5 主体结构施工方案及技术措施

（1）主体结构施工进度安排

本工程A、B座地上6层，主体结构完成后验收，C座地上9层，1～5层主体结构验收一次，6～9层主体结构验收一次。同时，为加快施工进度，缩短总工期，第一次主体结构验收合格后即插入室内抹灰工程施工，阶段性验收应提前做好准备，及时为室内装饰施工提供作业面。

（2）主体结构施工现场安排

1）钢筋场内集中加工。

2）混凝土采用预拌混凝土。混凝土由HBT60型混凝土泵送至各浇筑点。混凝土泵的布置根据各栋建筑浇筑作业面、现场道路情况选择布置点。在预设布泵位置留配电箱，保证浇筑混凝土的正常用电。

3）主体结构施工期间，配备3台QTZ4008型塔式起重机作为垂直运输机械，另设一台施工电梯，负责整个施工区域钢筋、模板、架料等材料的运输。

4）主体结构施工完毕，拆除塔式起重机，在现场增设3台施工电梯，也可供砌筑材料、零星用材料的垂直运输使用。

5）结构分阶段验收，以使后序装饰装修工程提前插入。

6）为了缩短总的工期并保证混凝土表面的感观质量，主体结构施工期间模板均采用酚醛树脂覆膜模板施工工艺，以加快施工进度和模板周转，保证主体结构的施工质量。

（3）主体工程单层施工工艺流程

轴线放测、高程传递→校正框架柱竖筋，搭设操作架→绑扎框架柱钢筋（安装预留、预埋件）→框架柱脚施工缝处理→框架柱支模（垂直度控制及校正）→框架柱混凝土浇筑，梁板支模→梁钢筋、板底钢筋绑扎→安装预留、预埋件→绑扎板面负筋→浇筑梁板混凝土养护→下一层主体工程施工。

（4）主体结构工程的控制重点

本工程结构施工中应着重注意以下几个关键环节：

1）结构垂直度控制与平面轴线尺寸控制；

2）模板的选择及施工工艺；

3）钢筋的制作、绑扎，钢筋的焊接工艺；

4）安装预埋、预留件的校核和交叉配合；

5）商品混凝土浇筑质量的控制；

6）施工用脚手架的选择与搭拆。

A.4.6 脚手架及支撑搭设方案及技术措施

该工程A、B座地上6层，C座地上9层，依据其特点，为减少投入，保证施工安全，结合施工经验，进行脚手架施工方案设计。

（1）外脚手架的选择

本工程均采用落地式双排钢管脚手架，板支承采用扣件式钢管满堂架，注意搭设扫地杆和设置剪刀撑，剪刀撑与地面的夹角为 45°，水平杆步距根据层高定为 1500～1750mm，立杆间距 1.5m。挑架每 6 层挑一道。

（2）主体结构梁板支撑架

主体结构施工全部搭设满堂脚手架。现浇有梁板底模支撑立杆的间距为：板下纵横间距不大于 1000mm，梁下间距不大于 900mm。

（3）脚手架的搭设参数

架子的立杆纵距为 1.5m，横距为 1.0m，纵向水平杆间距为 1500～1750mm，横向小横杆间距为 1.2m，横向小横杆下设通长大横杆。大横杆以上 900mm 设护身栏杆。

脚手架与主体结构设置拉结点，拉结点纵横间距为纵×横＝3.0m×4.5m。

脚手架外侧设置剪刀撑，斜撑与水平线的夹角为 45°～60°。

脚手架仅作主体施工的操作架和安全保护，严禁在架体上堆载重物或违章操作。

（4）脚手架安全拆除方案

架子使用完毕拆除，应按搭设反程序进行，拉结杆件应随外架的拆除而拆除，不准先拆。拆除后的构件应及时分类、整理并运走，严禁高空坠物。不允许分立面拆除或上下两步同时进行，认真做到"一步一清、一杆一清"。应做好安全技术交底，并由专人负责，遇有 6 级以上大风，严禁拆除脚手架。

A.5 工程进度计划与措施

A.5.1 工期安排

（1）总工期安排

根据招标文件，本工程甲方要求工期为 370 日历天，其中 A、B 栋 340 日历天，在综合考虑各分包工程的工期、国家及某市政府规定的节假日及公众假日等各种因素后，通过科学组织，确保在 370（340）日历天内完成招标范围内的全部工程内容。施工进度表如附表 A-3 所示。

（2）保证工期的措施

建立完善的计划保证体系是掌握施工管理主动权、控制施工生产局面、保证工程进度的关键。本项目的计划体系将以日、周、月、年和总控制计划构成工期计划的主线，并由此派生出各专业的进度和进场计划、技术保障计划、商务保障计划、物资供应计划、质量检验与控制计划、安全防护计划及后勤保障计划等一系列计划，在各项工作中做到未雨绸缪，使进度计划管理形成层次分明、深入全面、贯彻始终的特点。

某大学学生公寓工程施工进度计划表　　　　附表 A-3

分部分项工程	50d	100d	150d	200d	250d	300d	350d	370d	400d
地基基础施工	■								
半地下室	──								
A、B座主体工程		────							
C座主体工程				─────					
围护砌筑工程					────				
A、B座内装修工程					────				
C座内装修工程						────			
A、B座外装修工程						──			
C座外装修工程							──		
设备安装工程		──────────────							
零星工程									

编制有针对性的施工组织设计、施工方案和技术交底，本工程将按照方案编制计划，制定详细的、有针对性和可操作性的施工方案，从而实现管理层和操作层对施工工艺、质量标准都能够做到熟悉和掌握，使工程施工有条不紊的按期保质完成。施工方案覆盖面全面，内容详细，配以图表、图形，做到图文并茂、形象、生动，从而调动操作层学习施工方案的积极性。

采用分区、流水施工，在实际施工中，将根据各阶段施工内容、工程量以及季节的不同，采用合理增加资源投入、科学组织工序的交叉穿插、合理运用各种先进的施工技术和施工工艺、加强协调管理等方式，压缩或调整各施工工序在一个流水段上的持续时间，确保节点工期和总工期的实现。

A.6　施工现场平面布置

A.6.1　总平面总体布置

（1）现场平面布置原则

根据本工程所处地理位置的特殊性以及甲方的具体要求，施工总平面按照文明工地标准来布置，因此，现场平面布置充分考虑各种环境因素及施工需要，布置时遵循如下原则：

现场平面随着工程施工进度，依据甲方提供的施工场地划分范围进行分期、分阶段布置和安排，各阶段的平面布置与该时期的施工重点相适应。

在平面布置中充分考虑好场地四周的出入安全，施工现场机械设备、办公、道路、施工人员出入、材料运输、临时堆放场地等的优化合理布置。

施工材料堆放设在塔式起重机覆盖的范围内，并邻近施工升降机，尽量减少二次转运，节约用工。由于本工程在施工阶段场地十分狭窄，各种材料做好供应准备，根据需用随时进场。

临时用电电源、电线敷设要避开人员流量大的楼梯、安全出入口以及容易被坠落物体打击的范围，电线尽量采用暗敷方式。

本工程着重加强现场安全管理力度，严格按照《项目安全管理手册》的要求进行现场管理。

本工程要重点加强环境保护和文明施工管理的力度，使工程现场处于整洁、卫生、有序合理的状态，使该工程在环保、节能等方面成为一个名副其实的绿色建筑。控制粉尘设施排污，进行废弃物处理。控制施工噪声较大的作业用房的布置，如钢筋加工房、木工加工房等尽量远离办公区。

设置便于大型运输车辆通行回转的现场道路并保证其可靠性。

（2）现场临设、临建总规划

施工现场设置必要的办公区和生产区。

（3）结构施工阶段平面布置

本工程在结构施工阶段布置 3 台 QTZ4008 型塔式起重机，并设置一台施工电梯，钢筋房、木工房、砂浆、混凝土泵及罐车位置见附图 A-3。

（4）装饰装修施工阶段平面布置

在主体结构封顶及屋面工程施工完成后，将塔式起重机拆除；装饰装修阶段考虑砌筑和抹灰等装修工程同时进行，施工的工程量比较大，共设置 7 台施工电梯，以保证施工材料垂直运输的需要。

A.6.2 生产生活临建规划

（1）施工围墙

施工围墙按甲方指定的范围完善，在现场设置 6m 宽的主施工出入口，作为材料进出的通道。

（2）洗消池、分类垃圾场

为满足市政环卫部门对市容清洁要求的规定，现场设置洗消池，设置在大门出入口处，同时可将池内经沉淀后的清水可用来进行现场洒水。现场出入口处设置分类垃圾场，定期分类清理。

（3）畅通的施工道路

施工道路要求保证施工畅通，施工道路宽约 6m，下铺 200mm 厚砂夹石夯实后，上铺 C20 混凝土，厚 200mm。现场其余场地均要进行硬化，铺 C20 混凝土，厚 200mm。

现场临时用地情况汇总见附表 A-4。

临 时 用 地 表　　　　　　　　　　附表 A-4

用途	面积（m²）	需用时间
门卫	6	全过程
材料库房	40	全过程
钢筋堆场及加工场	300＋120	结构施工阶段
木材加工房	60	结构施工阶段

153

续表

用途	面积(m²)	需用时间
现场办公室	260	全过程
食堂	60	全过程
厕所及浴室	30+60	全过程
模板堆场	150	结构施工阶段
架料堆场	200	外架拆除前

A.6.3　临时用水方案

（1）现场水源状况

现场由甲方提供水源，施工给水由接入点接入到每个用水点。

（2）用水量的计算

生产用水量：混凝土养护每台班 240m³，施工用水量 300L/m³，砌砖每台班 100m³，施工用水量 250L/m³。

施工现场生活用水量：施工现场生活用水高峰期在主体施工阶段，现场人数按 250 人计算。

消防用水量：因施工现场面积在 25hm² 以内，所以取 $q=10$L/s。

总的用水量：$Q=10$L/s。

（3）供水线路的选择及布置

1）场外水源点至场内施工区干线的管径

经计算，施工现场供水主管径选用 $\phi100$，分三条线路布置到用水点，场内供水支管选用 $\phi50$，即可满足施工用水要求。

2）临时消防系统

本工程设计向自来水公司申请管径为 $\phi100$ 的施工及消防用水管线，即可满足现场施工、消防用水需要，对于临时消火栓系统，按一股充实水柱到达任何部位考虑，在该现场设 2 台 100DLX7 型多级泵，每栋引上一根 $DN100$ 的竖管，竖管上每层设室内消火栓，并预留甩口供施工用水，另外在低层消火栓支管上设减压孔板减压。室内消火栓设计采用 19mm 喷嘴，$\phi65$ 栓口，25m 长麻质水龙带。配备相应的消防器材，消防器材布置在易发生火灾的醒目位置。

3）楼层用水

本工程楼层用水为分别在竖井上安设 $\phi50$ 的竖向管，由供水主管接入，竖向主管随楼层结构而上升，且在每层留出接口，以满足各楼层用水的需要。

4）排水系统

本工程场区雨水排水系统采用有组织排水，排入现场四周设置的排水沟内。厕所设化粪池，施工用污水设多级沉淀池，污水澄清后按有关规定经正式管线排入市政污水管道。按照有关现场施工卫生设施的设置要求，设计相应的排水管道，施工用污水在多级沉淀后，可排入大门清洗池，用来洗车和现场道路洒水。

A.6.4 临时用电方案

（1）现场提供电源状况

现场中间设一处配电房，甲方提供满足施工用的变压器。

（2）现场临时用电设计方案

根据工程施工需要，现场施工用电设备容量见附表 A-5。总用电需要系数为 $K_x=0.45$，$\cos\varphi=0.75$，$\tan\varphi=0.88$。配电线路形式为 380/220V。

现场大型用电器用电高峰负荷情况见附表 A-5。

大型用电器用电高峰负荷　　　　　　　　附表 A-5

序号	机械名称	规格型号	单位	数量	功率
1	外爬塔式起重机	QTZ4008 型	台	3	32.5kW
2	混凝土输送泵	HBT60	台	3	65kW
3	插入式振动器	HZ-50	台	15	1.1kW
4	平板式振动器	B-11A	台	3	1.1kW
5	钢筋对焊机	L1N1-100	台	2	100kVA
6	电焊机		台	2	23.4kVA
7	钢筋、木工加工机械		套	各1套	100kW

除照明外所有用电负荷的总容量为：

电动机额定功率：$\sum P_1 = 369\text{kW}$

电焊机额定功率：$\sum P_2 = 246.8\text{kVA}$

照明用电按动力用电 10% 计：$P_3 = 36.9\text{kW}$

$$P = 1.05\left(K \cdot \frac{\sum P_1}{\cos\varphi} + K_2 P_2 + P_3\right) = 1.05 \times (0.6 \times 369/0.75 + 0.6 \times 246.8 + 36.9)$$

$$= 504.20\text{kVA}$$

施工供电采用 TN-S 系统，动力供电和照明线分回路布置。在施工过程中，为了保证混凝土施工正常运转，配 1 台 250kW 的柴油发电机作为施工备用电源。施工现场用电采用沿围墙布置线路到各用电分配电箱。

A.6.5 主要施工机械

（1）垂直运输机械的选择

本工程材料运输频繁，为满足工程的材料构件运输的需要并使机械设备合理，达到既满足运送要求，又不浪费的原则，除混凝土采用输送泵送至浇筑点外，起重机则担负整个工程的钢筋、模板、钢管等材料和构件的运送。

结构施工阶段安装 3 台 QTZ4008 型塔式起重机负责施工区域内的钢筋、模板、钢管等材料的垂直运输及大量的水平运输工作。主体施工阶段塔式起

155

重机同地下室阶段，负责各自区域内的钢筋、模板、钢管等材料的垂直运输及大量的水平运输工作。混凝土采用输送泵送至浇筑点，采用 HBT60 型混凝土输送泵进行浇筑。主体封顶，屋面施工完后拆除塔式起重机，设置 7 台施工电梯，辅助进行砌体等的垂直运输。

（2）混凝土和砂浆机械的选择

本工程选择预拌混凝土，混凝土由商品混凝土搅拌站提供，预拌混凝土采用专用运输车辆送至施工现场，在工程施工过程中，做到施工现场道路平整、畅通，为混凝土的运输、使用提供照明、水源设施和预拌砂浆储备容器及其他必要条件。

混凝土选择 HBT60 型泵送至搅拌点。砂浆搅拌采用 JDY350 型搅拌机。

A.6.6 总平面管理

施工现场设综合办公室负责各个施工阶段的现场总平面布置，进行严格管理、统一指挥、统一协调，确保文明施工。

保证施工现场道路畅通，排水系统处于良好的使用状态；保持场容场貌，随时清理建筑垃圾。

施工现场的用电线路、用电设施的安装和使用严格按照安装规范和安全操作规程，及施工组织设计进行架设，严禁任意拉线接电。

施工机械按照施工总平面布置图规定的位置设置，不任意侵占场内道路。

施工各阶段的材料堆场严格按照施工总平面布置规定的位置进行布置，不任意堆放。在材料的堆场设置材料标示牌，要注明材料的名称、产地、规格等。

项目综合办公室将对分包单位的材料堆放进行统一管理。各分包单位在进场前向综合办公室报材料进场计划，由综合办公室统一规划堆放场地。分包单位应及时对剩余材料进行清理，以利于后续工作的展开。

A.7 季节性施工措施

某市冬期寒冷、夏期高温、湿度较大，对施工产生一定影响。为此，需采取一系列措施，将本工程在冬、雨期施工中所受影响降到最低，并确保工程质量、安全生产及文明施工。

根据施工进度计划安排，本工程在施工中将历经一个冬期和一个夏、雨期。根据工程实际情况，制定了以下季节性施工技术措施。

A.7.1 雨期施工措施

（1）混凝土的雨期施工

混凝土施工前及地下室外防水施工前，做好近日天气预报，避开大雨天施工。雨天施工派专人随时测定砂、石含水率，及时调整施工配合比。现浇混凝土施工中如遇降雨，对已浇混凝土立即覆盖塑料薄膜避免雨水冲刷，并施工到按规范规定允许留施工缝的位置，运送混凝土时及浇筑点处均有避雨措施。

（2）钢筋工程的雨期施工

垫高现场堆放钢筋，防止钢筋泡水锈蚀。雨后钢筋按情况进行防锈处理，锈蚀严重的钢筋不能用于结构，为保护后浇带钢筋，后浇带用钢板封闭。

（3）模板工程的雨期施工

雨天使用后的木模板拆下后放平，以免变形。大钢模拆下后及时清理，刷隔离剂，大雨过后要重新涂刷一遍。模板安装完毕后，尽快进行混凝土浇筑，防止模板遇雨变形。若模板安装后不能及时浇筑混凝土，且遇到雨淋，则在浇混凝土之前重新检查模板及支撑。

A.7.2　夏期施工措施

（1）夏季高温天气采取防暑降温措施

夏期施工时调整作息时间，11：30～14：30 的 3 小时内不施工，避开最热时间。采取预防措施避免高温对塑性混凝土的性能、质量产生有害影响。在高温下浇筑混凝土，应事先编制浇筑方案及养护措施。浇筑混凝土应选在下午开始，以减少阳光直晒产生的干燥时间，特别小心保护和养护混凝土，在蒸发后露出的表面应立即覆盖，保持不断湿润，控制蒸发。

（2）夏期施工时采取的技术措施

混凝土内合理掺用缓凝剂以延长混凝土的凝结时间，混凝土浇好后及时派专人进行浇水养护。对初凝较快的水泥通过试验测定水泥的硬化过程，加入外掺剂调节混凝土初凝时间，以适宜的施工参数满足质量要求。

砖墙砌筑时，视气候条件情况，做好隔夜浇水湿润，砂浆当天拌制及时使用，以保证黏结力，确保砌体的施工质量。

已完成的砖砌体和混凝土结构加强浇水养护，必要时用草包蓄水覆盖，防止暴晒。

夏期施工作业时，作业班组宜轮班作业或尽量避开在烈日当空酷暑的条件下进行施工，宜安排早晨或晚间气候条件较适宜的情况下施工。

A.7.3　防风、防雨、防雷措施

本工程施工期要经历夏季，需做好防风、防雨、防雷，保证施工安全。

（1）防风措施

脚手架要与建筑可靠拉结，塔式起重机要定期检查，大风天气禁止高空作业，以防止坠落，塔式起重机禁止运行，钓钩放下，可靠固定。现场临设应搭设牢固，彩钢屋面在大风季节要加强拉结固定。

（2）防雨措施

做好现场排涝工作，防止集水，雨季来临前准备好抽水设备，施工现场整理好排水沟，加强管理，成立防洪防涝小组，建立以项目经理为组长的领导小组，在施工班组中组建防洪排涝队，随时应对突来的洪水。

（3）防雷措施

夏季是雷雨多发季节，施工现场还要做好防雷措施，机械、脚手架的防雷接地要达到安全施工规范要求；组织电工定期检查防雷连接的可靠性；雷雨来临前，及时安排工人从高处撤离，关掉所有电箱等用电设备，雷雨过后，必须检查各用电设备，合格后才能使用。

A.8 施工总平面图

本工程施工总平面图如附图 A-3 所示。

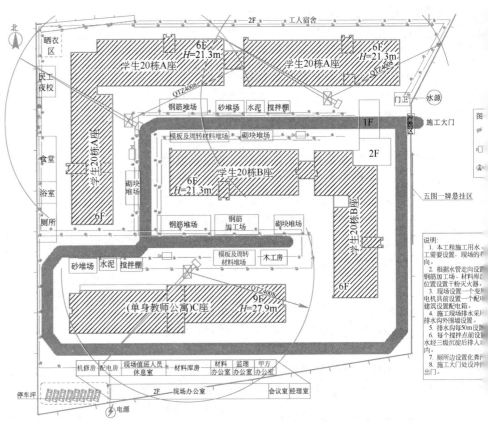

附图 A-3 施工总平面图

附录B
某单层工业厂房施工组织设计

单层工业厂房是工业建筑中最普遍的形式之一。按建筑结构可分为钢结构、钢筋混凝土结构、砖石混合结构等。按建筑规模和吊车荷载吨位又可分为轻型、中型和重型三类。

一般的中小型单层工业厂房可按施工的几个工程阶段，直接编制实施性施工进度计划，用以指导施工。而重型厂房结构复杂，有大吨位吊车及重型设备，各种设备基础及管道电气也非常复杂且工程量大，其土建与设备安装等专业工种必须密切配合，互相协调。重型厂房一般只确定主要工程施工方案，编制控制性进度计划和施工平面图。项目划分较粗，在控制性进度计划约束下，各专业工程队再分别编制各自的实施性施工进度计划。

现以某厂机械加工与装配车间为例，说明一般工业厂房施工组织设计的编制方法。

B.1 工程概况及施工条件

B.1.1 工程概况

该厂位于西北某城市郊区，其机械加工与装配车间平、立、剖面图如附图 B-1 所示，分中小件加工工段、大件加工工段、装配工段三个部分，由南至北三跨跨度分别为 18m、18m 和 24m，全长 120.40m，宽 60.62m，建筑面积 7298.65m²。该车间生产工艺流程如附图 B-2 所示。

建筑及结构：该车间为现浇钢筋混凝土独立柱基础，埋深 1.25～1.55m，工字形钢筋混凝土柱，预应力折线形屋架，预应力大型屋面板，围护结构为轻骨料钢筋混凝土墙板，两边跨为侧窗采光，中间跨为平天窗采光，内天沟排水。

装修：内墙刷乳胶漆，外墙喷浆勾缝，门窗均为浅灰色一底二度调合漆。

屋面：屋面板自防水，C30 细石混凝土灌缝，焦渣保温层，找平后做卷材防水层。

地坪：素土夯实，80mm 厚的 C20 混凝土垫层，40mm 厚的 C30 细石混凝土面层，分块浇筑。

B.1.2 施工条件

某建筑公司承包该工程，劳动力和施工机械均能满足要求，各种建筑材料、半成品等供应条件较好。

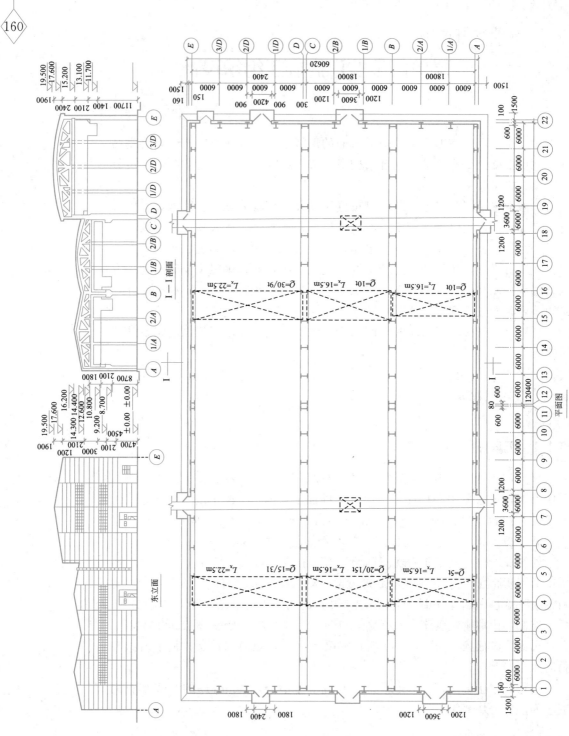

附图 B-1　机械加工与装配车间平、立、剖面图

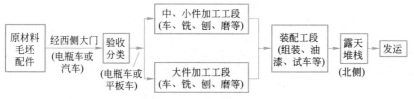

附图 B-2　生产工艺流程图

该厂位于城市郊区，有公路直达，交通方便。机械加工与装配车间位于厂区中部偏西，四周已有宽 8m 的厂内永久性道路。全部建筑材料、设备和有关构件均可用汽车运入。

工期：计划 3 月 1 日开工，10 月 30 日竣工，总工期为 8 个月，其中土建 6～8 个月，设备安装 2～3 个月。

B.2　施工方案

B.2.1　施工流向和顺序

该车间建筑结构无特别复杂部分，建设单位也无分期投产要求，考虑便于分段组织流水作业，根据预制构件先吊装先预制的原则，在土方、基础及预制工程阶段，由东向西施工。主体结构安装阶段，为充分发挥起重机效率，则按开行路线要求进行。

该车间无重大设备基础，考虑到构件的预制和安装机械开行方便，利用车间内的桥式吊车为设备基础施工服务，充分利用春夏之交的施工最佳季节把主体结构施工完，为使室内工程不受气候等因素影响，确定采用"封闭式"的总体施工方案。

B.2.2　施工方法和施工机械

该工程土建施工划分为以下 4 个主要阶段：基础工程、构件预制工程、结构安装工程及其他工程。各阶段的施工方法和机械的确定如下：

1. 基础工程

各基础均开挖独立基坑，挖出的大部分土暂放坑边待回填用，少量土方运至厂区北面约 600m 处洼地。考虑两种开挖方案，即人工开挖架子车运输和反铲挖土机（斗容量 0.5m³）开挖配 4t 自卸汽车运输。两种开挖方案，基坑放坡不同，土方量计算结果见附表 B-1。

土方量开挖工程量（m³）　　　　　　　　　附表 B-1

方案	柱列	A	B	CD	E	合计
人工	挖方	462.24	822.84	1061.44	904.32	3250.80
	运方	120.90	197.12	313.25	256.52	887.79
	填方	341.34	625.72	748.19	647.80	2363.00

续表

方案＼柱列		A	B	CD	E	合计
机械	挖方	546.95	943.18	1198.20	1030.70	3719.00
	运方	120.90	197.12	313.25	256.52	887.79
	填方	426.05	746.06	884.95	774.18	2831.21

根据当地取费标准，在相同工期要求下，机械开挖方案费用较低，故采用机械开挖方案。

2. 构件预制工程

本工程主要预制构件工程量见附表 B-2。

主要预制构件工程量　　　　　　附表 B-2

构件名称	位置	工程量		每件质量（t）	顶面标高（m）
		单位	数量		
柱	A 列	根	22	5.88	11.1
	B 列	根	22	10.88	11.1
	CD 列	根	22	17.75	15.6
	E 列	根	22	15.12	15.6
抗风柱	AB 跨	根	8	8.477	14.05
	BC 跨	根	2	7.56	19.14
	DE 跨	根	4	15.12	18.24
屋架	AB、BC 跨	榀	44	5.35	14.29
	DE 跨	榀	22	10.3	19.29
吊车梁	AB 跨	根	40	2.75	8.4
	BC 跨	根	40	3.95	8.7
	DE 跨	根	40	3.95	12.6
屋面板	AB、BC 跨	块	380	1.17	14.41
	DE 跨	块	320	1.17	19.41
墙板	外墙	块	628		

基础混凝土浇筑，因各基础的混凝土量均不大，可一次施工完毕，不留施工缝。其他按一般规定要求施工即可。

因为采用"封闭式"施工，场内有较宽的预制场地，工期也允许，故确定所有柱子和预应力屋架采用现场预制，其余中小构件均在加工厂预制。柱子在起吊位置制作，屋架（整榀预制）叠置（一叠 3～4 榀），安装前就位，中小构件安装前运至现场排放。构件预制及排放位置见附图 B-3。

3. 结构安装工程

本工程采用"分件吊装法"，3 次开行：第 1 次开行吊装柱，第 2 次开行吊装吊车梁、连系梁及柱间支撑，第 3 次开行，按节间吊装屋架、天窗架和屋面板等。由于该工程构件顶面最大标高仅为 19.14m（DE 跨屋面板），最大构件质量仅为 17.75t（CD 柱列），最大跨度 24m，宜采用开行灵活、装卸方便的履带式起重机。据现有机械条件和方案比较，确定选用 W_1-100（臂长

23m)和 W_2-200(臂长30m)履带式起重机各1台，其机械性能经验算符合要求（注：验算方法详见施工技术有关部分，起吊验算时应特别注意最外边缘一块屋面板的吊装验算）。

根据2台起重机的不同起重能力，确定其开行路线，如附图 B-3 所示。

4. 其他工程

其他工程包括围护墙板、屋面防水、地坪及内部装饰等，其按常规方法施工。

墙板安装时，工人操作位置和外墙面喷浆勾缝等均采用垂直升降工作平台，不另设脚手架。

B.3 施工进度计划

B.3.1 划分工序项目和计算工程量

本工程主要划分为准备工程、基础工程、构件预制和安装工程、装饰（含屋面）工程、设备安装工程5个阶段，每个工程阶段又由若干工序所组成，例如基础工程又分为基坑开挖、基础垫层、浇筑钢筋混凝土、基坑回填土等工序，其他工程阶段的工序划分见附图 B-4 中第2栏。此外，将基坑修整、混凝土质量补救、养护、小型搬运及现场整理等列入零星工程一项。

将各工序的工程量计算结果列入附图 B-4 中第3栏。

B.3.2 所需劳动量及机械台班数

根据工程量和产量定额，各主要工序所需劳动量和机械台班数计算结果见附图 B-4 第5栏。

B.3.3 施工进度计划

按5个阶段分步说明如下：

（1）准备工程阶段：包括审核图纸、编制施工组织设计、组织材料供应、清理平整场地、修建施工道路、敷设临时施工水电管线和建造临时性房屋等，该阶段计划20天，到时应"三通一平"完毕，各种材料必须按储备量要求运到现场，以保证施工顺利进行。

（2）基础工程阶段：以温度缝为界，划分为两个施工段，组织流水施工。4道工序中浇筑基础混凝土为主导工序。拟组织包括模板、钢筋、混凝土、张拉等工种在内的综合工作队，统一指挥，内部流水，一直延续到预制工程结束为止。基础开挖在准备工程后期即可开始，整个基础工程阶段约25天。

（3）构件预制和安装工程阶段：第一施工段基坑回填土完毕后即可开始预制屋架，其后紧跟着预制柱子，预制工作约28天。为保证最后一根预制柱子的养护时间，吊装工作安排在其后第3周开始。结构安装工程33天，其进度计划详见附图 B-5。

163

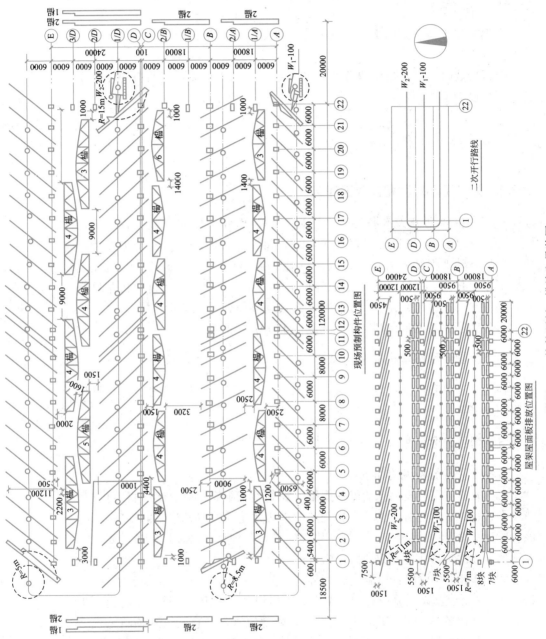

附图 B-3 构件预制、排放和吊装图

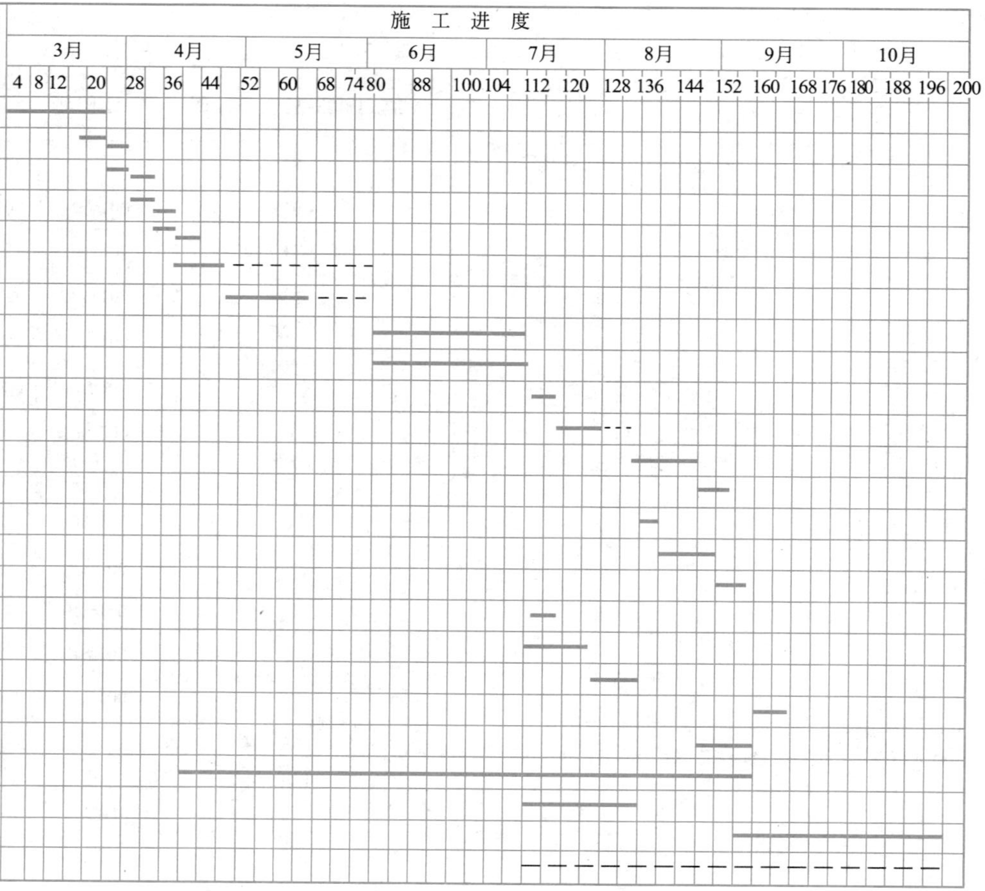

附图 B-4　机械加工与装配车间施工进度计划

序号		工序名称	单位	数量	产量定额	所需劳动量(工日或台班)	每天工人数	工作天数	施工进度
1	基础工程	准备工程						20	
2		基坑开挖	m³	3719	370	20		10	
3		基础垫层	m³	129	1.27	102	10	10	
4		捣制柱基础	m³	611	0.85	719	72	10	
5		基坑回填	m³	2831.2	5.5	515	51	10	
6	构件预制和安装工程	屋架预制	m³	185	0.28	660	72	9.5	
7		柱子预制	m³	454	0.37	1227	72	17	
8		起重机安装				31	31	31	
9		起重机安装				33	33	33	
10	屋面工程	焦渣保温层	m³	432	2.5	173	30	8	
11		砂浆找平层	m²	7200	26.5	272	30	9	
12		卷材防水层	m²	7200	15.9	453	30	15	
13	装饰工程	安装平天窗玻璃	m²	488	10	48.8	8	6	
14		地坪素土夯实	m²	7200	260	28	7	4	
15		地坪混凝土垫层	m³	576	1.54	374	31	12	
16		地坪面层	m³	282	1.54	187	31	6	
17		砌内墙及门洞	m³	135	1	135	23	6	
18		安门窗扇	m²	1736	6	290	24	12	
19		油漆、玻璃	m²	1736	5.77	301	25	12	
20		刷乳胶漆	m²	11100	190	58	10	6	
21		外墙面喷浆勾缝	m²	11500	50	230	20	12	
22	设备安装工程	零星工程				8	8	120	
23		设备基础						24	
24		机械设备安装						44	
25		工业管道、电气						88	

施工进度（横道图，时间轴：3月～10月，4 8 12 20 28 36 44 52 60 68 74 80 88 100 104 112 128 136 144 152 160 168 176 180 188 196 200）

序号	工序名称	工程量			所需劳动量（台班）	所需机械		工作班次	每班人数	工作天数	安装进度
		单位	数量	产量定额		名称	数量				
1	AB列柱安装	根	44	23	2	W_1-100	1	1		2	
2	DE列柱、抗风柱安装	根	58	12	5	W_2-200	1	1		5	
3	BC跨吊车梁安装	根	44	32	1.5	W_1-100	1	1		1.5	
4	AB、DE跨吊车梁安装	根	88	30	3	W_2-200	1	1		3	
5	AB、BC跨屋架就位	榀	44	16	3	W_1-100	1	1		3	
6	AB跨屋盖安装	节间	20	3.4	6	W_1-100	1	1		6	
7	DE跨屋架就位	榀	22	7	3	W_2-200	1	1		3	
8	DE跨屋盖安装	节间	20	3	3	W_2-200	1	1		7	
9	高低跨处墙板安装	块	48	24	2	W_1-100	1	1		2	
10	BC跨屋盖安装	节间	20	3.1	6.5	W_1-100	1	1		6.5	
11	DE跨墙板安装	块	350	24	15	W_2-200	1	1		15	
12	AB跨墙板安装	块	230	24	10	W_1-100	1	1		10	
13	屋面板灌缝	m²	7200	40	180			1	10	18	

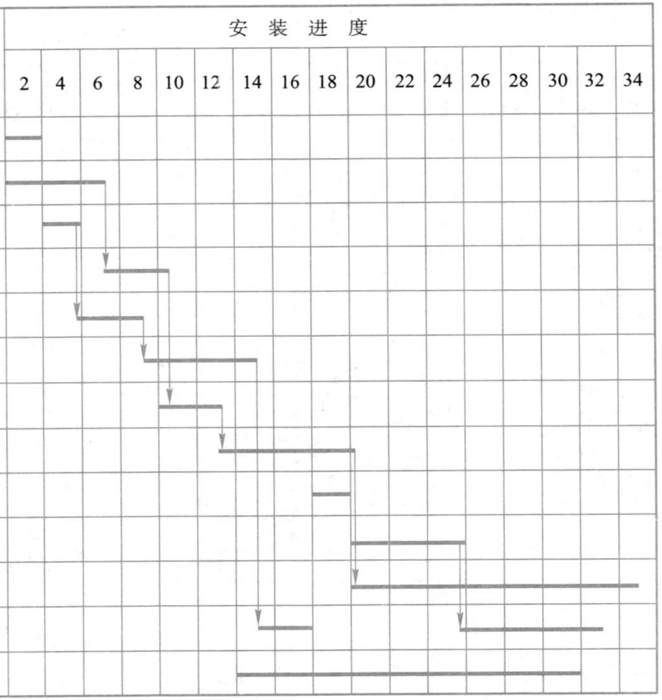

附图 B-5 结构安装工程进度计划

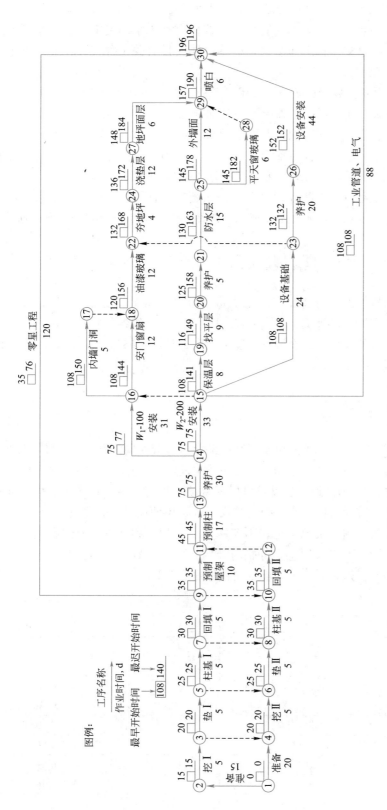

附图 B-6 机械加工与装配车间施工网络计划图

（4）装饰（含屋面）工程阶段：屋面工程在结构安装结束后立即开始，且安排砌内隔墙与屋面施工同时进行，这样有利于室内装饰工程尽早开始。装饰工程工序繁多而且工作量大，应尽可能安排有关工种交叉作业。整个装饰工程约需 52 天。

（5）设备安装工程阶段：设备基础施工在结构安装完毕后立即开始，在此之前应安装好桥式吊车，以便设备基础施工与安装时使用。

工业管道和电气应配合设备基础和设备安装平行作业。

水、电、暖卫工程应配合各阶段的土建施工，做好预埋、预留管孔和安装敷设工作，其进度计划由专业队根据本计划另行编制。

将各工程阶段进度计划拼接，得初始进度计划，经检查调整后得本工程的施工进度计划，如附图 B-4 所示。附图 B-6 为该工程双代号网络计划图。

B.4　主要建筑材料、构件、劳动力和施工机具需要量计划

根据机械加工与装配车间施工进度计划中各分部分项工程的进度安排，参照施工预算，可计算各阶段(季、月、旬)需要的各种材料、构件、劳动力和施工机具的数量，以表格形式逐一列出。具体表格形式见第 4 章第 4.3 节，在此不再一一罗列。

B.5　施工平面图

机械加工与装配车间位于厂区中部靠西，其四周已有宽 8m 的厂内永久性道路，可作施工交通运输道路，不必另修建临时道路。车间北面与厂内公路之间有宽 25m 的空地，建设单位规划待该工程完工后修建露天货栈，同意给该工程施工临时占用。南面距公路仅 10m，不便安排临时建筑。

某建筑公司离工地不远，不需修建临时宿舍和食堂。拟建有关仓库、加工棚、办公室及工人休息室等临时建筑，集中布置在北面，剩余空地作为砂石堆场等。工地临时建筑与堆场面积见附表 B-3。

施工临时建筑需用计划　　　　　　　　　　附表 B-3

序号	临时建筑名称	面积(m²)	附注(m×m)
1	混凝土搅拌机棚	24	6×4
2	砂浆搅拌机棚	18	6×3
3	钢筋加工棚	72	6×12
4	木工棚	72	6×12
5	水泥仓库	72	6×12
6	零星材料仓库	36	6×6
7	工具间	24	6×4
8	机修间	24	6×4
9	工地办公室	36	6×6

序号	临时建筑名称	面积(m²)	附注(m×m)
10	工人休息室	36	6×6
11	砂堆场	192	12×16
12	碎石堆场	180	12×15
13	砌块堆场	100	5×20

施工用水、电由工厂提供。电源由厂区配电所引出，主干线布置在工地东、北两侧。水源从工地东南厂区主管道引入，布置成环状管网。消防龙头不需另设，可直接利用工地四周现有的消防设施。

机械加工与装配车间施工平面图布置如附图 B-7 所示。

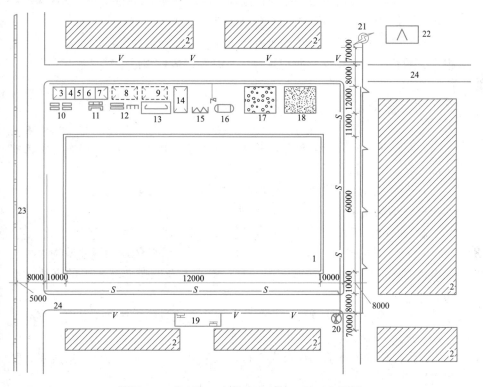

附图 B-7 机械加工与装配车间施工平面布置图

1-拟建建筑；2-原有建筑；3-办公室；4-工具库；5-机修间；6-仓库；7-休息室；8-木工棚；
9-钢筋加工棚；10-一般构件堆放场；11-屋面板堆放场；12-脚手架、模板堆场；13-钢筋堆场；
14-水泥库；15-砂浆搅拌机；16-混凝土搅拌机；17-石堆场；18-砂堆场；19-砌块堆场；
20-水源；21-电源；22-原有变电所；23-厂区围墙；24-永久道路

B.6 质量保证措施

本工程施工根据国家标准《质量管理体系 GB/T 19001—2016 应用指南》GB/T 19002—2018 质量保证体系的有关程序，以《建筑工程施工质量验收统

169

一标准》GB 50300—2013 作为本工程的施工质量检验评定依据。

（1）施工人员。配备专业施工队伍，预应力各级施工人员必须经过培训，持证上岗。

（2）质量监控。严格执行质量目标管理，质检员认真行使质量否决权，使质量管理始终处于受控状态。专业施工单位密切配合建设、监理、总包三方人员的检查与验收，按时做好隐蔽工程记录。

（3）各种不同的材料必须合理分类，堆放整齐，严格管理。加强原材料检验工作，严格执行各项材料的检验制度。钢绞线、锚夹具等材料都必须有出厂合格证和试验资料，灌浆用水泥浆严格按配合比施工。

（4）三检制。质量严格检查，坚持"自检、交接检、专检"三检制。

（5）隐检制。根据施工进度安排预检、隐检计划，进行预检、隐检程序，办理预检、隐检手续，并及时履行签证归档。

（6）工程技术资料。及时准确完整收集和整理好各种资料，如合格证、试验报告、质检报告、隐蔽验收记录等，及时办理各种签证手续。

B.7　安全保证措施

（1）工人须经三级安全教育，考试合格后方可上岗，操作人员、特殊工种需持证上岗，有关证件须符合地方有关规定。

（2）进入现场操作须戴好安全帽，系好帽带，在无防护的高空作业必须系好安全带，不戴安全帽不准进入施工现场。

（3）地面出入口处应搭设足够宽度的安全防护棚。

（4）预应力筋张拉时，操作人员不得站在张拉设备的后面或建筑物边缘与张拉设备之间，因为在张拉过程中，有可能来不及躲避偶然发生的事故而造成伤亡。

（5）千斤顶和油泵必须有安全措施，以免造成设备损坏和不必要的事故。

（6）张拉一端预应力筋时另一端处不得站人。

（7）张拉位置的下面不应有人通行，以免锚具、工具等掉落，造成不必要的损害。

（8）孔道灌浆时应保护操作人员的眼睛和皮肤，避免接触水泥浆。

（9）所有进场的预应力设备必须维护保养好，完好率100%，严禁带病运转和操作。

B.8　文明施工措施

（1）用电实行三相五线制，各种开关箱、漏电保护器齐全。

（2）预应力施工人员通过专业培训，具有预应力施工上岗证，按施工作业书要求进行施工工作。

（3）现场专人负责预应力机具及材料的管理，负责机具及材料出入库记录及物品标识。

（4）施工过程中，应注意与其他各工种协调，尊重他人劳动，发生问题协商解决。

（5）预应力筋在存放时，要摆放整齐，盘圆规整，并且要有必要的防护措施。

（6）在预应力施工过程中，包括布筋、张拉、切割过程，预应力施工人员不得人为制造噪声，尤其在晚上，布筋时取放物品要尽量减少噪声，更不许大声喧哗。

（7）现场施工垃圾、生活垃圾不得随便倾倒，必须投放到指定垃圾点。

参　考　文　献

［1］胡长明．土木工程施工 ［M］．北京：科学出版社，2009．

［2］丁克胜．土木工程施工 ［M］．2版．武汉：华中科技大学出版社，2009．

［3］毛鹤琴．土木工程施工 ［M］．3版．武汉：武汉理工大学出版社，2007．

［4］危道军．建筑施工组织 ［M］．北京：中国建筑工业出版社，2004．

［5］穆静波．土木施工组织 ［M］．上海：同济大学出版社，2009．

［6］重庆大学，同济大学，哈尔滨工业大学．土木工程施工 ［M］．3版．北京：中国建筑工业出版社，2016．

［7］于立军，孙宝庆．建筑工程施工组织 ［M］．北京：高等教育出版社，2005．

［8］同济大学经济管理学院，天津大学管理学院．建筑施工组织学 ［M］．北京：中国建筑工业出版社，2008．

［9］中华人民共和国住房和城乡建设部．建设工程项目管理规范 GB/T 50326—2017 ［S］．北京：中国建筑工业出版社，2017．

［10］《建筑施工手册》编写组．建筑施工手册 ［M］．5版．北京：中国建筑工业出版社，2013．

［11］中华人民共和国住房和城乡建设部．建筑施工组织设计规范 GB/T 50502—2009 ［S］．北京：中国建筑工业出版社，2009．

［12］中华人民共和国住房和城乡建设部．工程网络计划技术规程 JGJ/T 121—2015 ［S］．北京：中国建筑工业出版社，2015．